U0162777

本书获＂十三五＂江苏省重点建设学科（公安技术）项目（20160838）经费资助

Roadside
Video Data
Analysis: Deep
Learning

 Springer

路边视频数据分析：
深度学习

著　者：【澳】布里杰什·维尔马
　　　　张立刚
　　　　【澳】大卫·斯托克韦尔

译　者：朱丹浩　申小虎　王　瑜

南京大学出版社

First published in English under the title

Roadside Video Data Analysis：Deep Learning

by Brijesh Verma，Ligang Zhang and David Stockwell，edition：1

Copyright Springer Nature Singapore Pte Ltd. 2017

This edition has been translated and published under licence from

Springer Nature Singapore Pte Ltd. .

Springer Nature Singapore Pte Ltd. takes no responsibility and shall not be made liable for the

accuracy of the translation.

Simplified Chinese translation copyright 2021 by NJUP

All rights reserved.

江苏省版权局著作权合同登记　图字：10－2019－203 号

图书在版编目(CIP)数据

　　路边视频数据分析：深度学习 /（澳）布里杰什·
维尔马，张立刚，（澳）大卫·斯托克韦尔著；朱丹浩，
申小虎，王瑜译. -- 南京：南京大学出版社，2020. 11
　　书名原文：Roadside Video Data Analysis：Deep
Learning
　　ISBN 978－7－305－21247－5

　　Ⅰ. ①路… Ⅱ. ①布… ②张… ③大… ④朱… ⑤申
… ⑥王… Ⅲ. ①视频编辑软件－数据处理－研究 Ⅳ.
①TP317. 53

中国版本图书馆 CIP 数据核字(2020)第 185145 号

出版发行　南京大学出版社
社　　　址　南京市汉口路 22 号　　　　　邮　编　210093
出 版 人　金鑫荣

书　　　名　**路边视频数据分析**
著　　　者　(澳)布里杰什·维尔马　张立刚　(澳)大卫·斯托克韦尔
译　　　者　朱丹浩　申小虎　王　瑜
责任编辑　陈亚明　　　　　　　　　编辑热线　025(83592401)

照　　　排　南京南琳图文制作有限公司
印　　　刷　江苏凤凰通达印刷有限公司
开　　　本　787×960　1/16　印张 12　字数 215 千
版　　　次　2020 年 11 月第 1 版　2020 年 11 月第 1 次印刷
ISBN 978－7－305－21247－5
定　　　价　85. 00 元

网址：http://www.njupco.com
官方微博：http://weibo.com/njupco
官方微信号：njupress
销售咨询热线：(025) 83594756

前　言

　　视频数据分析在公路、铁路、机场等交通基础设施的自动监控中有着越来越重要的应用。随着搜集到的视频数据量的增长，新的人工智能方法具备了深入处理的数据条件。在这些数据中，有一种有用的视频数据，但对其研究还不多，这就是路边视频数据，由挂载了视频摄像头的车辆进行采集。在对树木、草地、道路和交通标志等路边对象的状况进行基于道路的调查时，可用这些视频数据进行增强或取代。这些视频数据还有其他许多实际应用，如监测路边植被生长状况；有效的路边管理，以减少对驾驶员和车辆的可能危害；开发能够自动感知路边物体和交通标志的自动车辆。

　　现有的视频数据分析研究工作主要致力于对公共基准数据集中的一般对象类别进行分析。尽管开发用于路边视频数据分析的智能技术的重要性已经得到了广泛认可，但对路边视频数据分析的研究却非常有限。其中一个主要原因可能是缺乏专门为路边对象创建的综合公共数据集，另一个原因是道路两侧所见的变动和环境条件类型众多，这些仍然是计算机视觉领域的挑战性问题。物体外观和结构的巨大变化以及各种环境效应，如曝光不足、曝光过度、阴影和阳光反射，使得物体的精确分割和识别非常困难。目前的文献缺乏对现有机器学习算法，尤其是深度学习技术在路边数据分析方面的全面评述。

　　本书重点介绍了路边视频数据分析的方法和应用，包括基于不同类型学习算法的路边视频数据处理的各种系统结构和方法，并对分割、特征提取和分类进行了详细的分析。使用深度学习解决路边视频数据分割和分类问题是本书的主要亮点之一。深度神经网络学习已成为机器学习和数据挖掘领域的热门研究课题。然而，在享受深度学习方法无须手工特征的优势时，必须对准确性和鲁棒性进行平衡，并且大多数真实世界的学习系统仍需要一些手工的特征工程和架构。本书通过对不同类型的特征和体系进行实证测试，实现在现实世界的场景中分析多层神经网络的性能。然后，我们介绍了新的用于场景分类的架构，此架构与先前的方法相比具有相同或更好的精度。接着我们研究了卷积神经网络的特征工程。此外，我们还从工业视角出发，将理论关注点与现实世界的结果进行结合。最后是路边视频数据分析的案例研究，我们介绍了植被生物量估算技术在道路火灾风险评估中的应用。总的来说，这本书集合了场景分析领域最有用的策略，帮助研究人员确定最适合他们应用的特征和架构。

布里杰什·维尔马

张立刚

大卫·斯托克韦尔

目　录

缩　写

缩写	英文名	中文名
ANN	Artificial Neural Network	人工神经网络
ANOVA	ANalysis Of VAriance	方差分析
BG	Brown Grass	棕草
CAV	Context Adaptive Voting	上下文自适应投票
CHM	Contextual Hierarchical Model	上下文层次模型
CIVE	Color Index of Vegetation Extraction	植被提取的颜色指数
CNN	Convolutional Neural Network	卷积神经网络
CRF	Conditional Random Field	条件随机场
CRR	Correct Recognition Rate	正确识别率
CSPM	Contextual Superpixel Probability Map	上下文超像素概率映射
CWT	Continuous Wavelet Transform	连续小波变换
DTM	Digital Terrain Model	数字地形模型
DTMR	Department of Transport and Main Roads	交通和主干道部
ExG	Excess Green	过绿(特征)
ExR	Excess Red	过红(特征)
FC	Fully Connected layer	全连接层
FCM	Fuzzy C-Means algorithm	模糊 C-均值算法
FRR	FALSE Recognition Rate	错误识别率
GG	Green Grass	绿草
GLCM	Gray-Level Co-occurrence Matrix	灰度共现矩阵
HOG	Histograms of Oriented Gradients	定向梯度直方图
KNN	K-Nearest Neighbor	K 近邻
LBP	Local Binary Pattern	局部二进制模式
LIDAR	LIght Detection And Ranging	激光雷达技术

MLP	Multi-Layer Perception	多层感知器
MNDVI	Modification of NDVI	NDVI 的修正
MNIST	Mixed National Institute of Standards and Technology dataset	国家标准技术研究所的混合数据集
MO	Morphological Opening	形态开运算
MRF	Markov Random Field	马尔可夫条件随机场
MSRC	MicroSoft Research Cambridge 21-class dataset	微软研究剑桥 21 类数据集
N/A	Not Available	不可用
NDVI	Normalized Difference Vegetation Index	归一化的植被变化指数
NIR	Near Infrared Ray	近红外线
OCP	Object Co-occurence Prior	对象共现先验
PHOG	Pyramid Histogram of Oriented Gradient	定向梯度的金字塔直方图
PID	Pixel Intensity Difference	像素亮度变化
PPM	Pixel Probability Map	像素概率映射
PPS	Pixel and Patch Selective	像素和块选择
RBF	Radial Basis Function	径向基函数
RELU	REctified Linear Unit	调整线性单元
ROI	Region Of Interest	目标区域(兴趣区域)
SCSM	Spatial Contextual Superpixel Model	空间上下文超像素模型
SIFT	Scale-Invariant Feature Transform	尺度不变特征变换
SOM	Self-Organizing Map	自组织映射
SVM	Support Vector Machine	支持向量机
SVR	Support Vector Regression	支持向量回归
TL	Tree Leaf	树叶
TS	Tree Stem	树干
VI	Vegetation Index	植被指数
VocANN	VOCGP obtained using ANN	使用 ANN 的 VOCGP
VocCNN	VOCGP obtained using CNN	使用 CNN 的 VOCGP
VOCGP	Vertical Orientation Connectivity of Grass Pixel	草像素的垂直方向连通性
VVI	Visible Vegetation Index	可见光植被指数

第一章 导 论

本章介绍路边视频数据分析的简要背景信息和数据集,展示了视频数据分析的一些相关应用,最后简要介绍各章节的主要内容。

1.1 背景

路边是一块特殊的区域,在农业学、林业学、运输业、能源和通讯、国家安全和环境保护等很多领域中具有重要的意义。如果能获取路边环境的精确信息,可能会有助于很多现实应用的建设,比如高效路边管理、植被增长条件监测和道路危险评估等。例如,可以对路边植被进行具体点位的精确参数估计,参数包括生物量、高度、盖度、密度和绿度等,这些参数对监测路边植被的实时增长情况具有至关重要的作用,可为相关政府管理部门设计和实施有效的植被管理策略提供参考,并提高公众驾驶的安全性。追踪这些参数的变化可以有效发现和量化对植被影响的事件,比如病害、干旱、土地营养和水资源压力。从安全的视角来看,高生物量的路边植被(例如草木)是导致司机和车辆遭受火灾危害的主要因素。特别是在偏远和人烟稀少的区域,由于对路边草木生长环境缺乏常规和频繁的人工检查,这种风险尤为突出。

目前,相关部门对路边环境的监测主要依赖于人工测量,耗费了大量的劳动、时间、工作量和成本。尽管开发自动路边视频数据技术的必要性和重要性已被政府部门和学术界广泛认可,然而,这个方向的进展却非常有限。事实上,在视频数据分析方面,绝大多数计算机科学家致力于建设健壮的或实时的算法,以提高在通用评测数据集上对通用实体和场景的性能。目前对路边视频数据分析的研究很少,这可能一方面是缺乏相关的评测数据集,另一方面是由于只需要处理少量特定的路边物体。

鉴于目前专注于路边数据分析研究缺乏的现状,本书致力于最先使用多种现代机器学习技术,特别是深度学习算法,来进行路边视频分析的专门研究,并着重使用这些技术来支持现实的路边相关应用。首先,我们描述了一些从国家公路上搜集的工业数据集,例如来自澳大利亚中央昆士兰的费兹罗伊区域的数据集,还包括一些常用的现实评测数据集。其次,我们展示了路边视频分析的一个通用系统框架,介绍了已有研究中最常用的特征类型和实体分类算法,并对很多非深度学习和深度学习的视频分析技术进行了深入介绍,同时在工业和评测数据集上进行了验证。我们通过一个案例来介绍如何使用自动有效的方法估计路边草的生物量和识别火灾易发区域。最后,我们探讨了分析路边视频数据的一些事项和挑战,并突出了未来可能的发展方向。

1.2 搜集路边视频数据

一个健壮可靠的机器学习技术,包括深度学习算法,既要对为特定目标搜集的本地路边数据集有效,也要对从各种现实场景中搜集到的通用场景数据有效。为了可以直接和公平地将本书描述的技术与其他顶级技术进行比较,本章介绍了 4 个工业数据集和 5 个广泛应用的评测数据集。

1.2.1 工业数据

本书使用的用来评测机器学习技术的数据集来自澳大利亚交通和主路部门(DTMR)搜集的路边视频数据,他们使用车载摄像头在澳大利亚中央昆士兰的费兹罗伊区域采集数据。车辆的前方、左侧、右侧和后侧方向上挂载着 4 个摄像头,每年在昆士兰的主要国家公路上穿过。所有的视频数据都是 AVI 格式,每帧的分辨率为 $1\,632 \times 1\,248$ 像素,相距大约 10 米,总大小大于 500 GB。左侧摄像头产生的数据主要集中于路边的植被区域,因此可用以监测植被生长状况,并且找到潜在的火灾易发区域,从而可以采取措施消除火灾风险。

和其他类似的现实视频数据集一样,在 DTMR 数据中,视频帧中出现的所有实体也缺乏像素级别的地面真值标注(一般指人工标注)。但是,地面真值在设计和评测机器学习算法和促进该领域的未来研究工作方面极为重要。本书中,我们基于左侧或前方摄像头采集的视频数据,产生了 4 个图像数据集。

1.2.1.1 裁切路边实体数据集

我们手工从 230 帧中裁剪出 650 块小区域,包含了 7 类实体(每类实体 100 个区域,除了天空是 50 个区域),有棕草、绿草、树叶、树干、泥土、路和天空,如图 1.1 和 1.2 所示。所有的数据帧均从左侧摄像头采集到的视频数据中选取,因

图 1.1　DTMR 视频帧中裁切出的小区域。图中的白色方块给出了裁切区域中的位置、大小和形状。在最后的裁切路边实体数据集中,只包含了一部分具有表现能力的裁切区域。

图 1.2　路边实体的 7 种裁切区域的样本。同一类实体外观上有很大不同,不同实体之间也会有很高的相似度(比如绿草和树叶),这对精确的实体分类带来了很大挑战。为了便于展示,这些区域被调整到了同样大小和形状。

此主要集中于植被区域而不是路面区域。为了尽可能地模拟现实环境,选取数据帧时覆盖了多种植被类型、不同的场景内容、时段和地点等。接着,这些帧中一系列的局部区域被裁切出来,每一个区域确保只属于一类实体。值得一提的是,得到的矩形区域有不同的分辨率和形状。裁切区域代表了路边实体的不同外形,在同一实体和不同实体的外形和内容的变化上非常具有挑战性,从而适合于评测自然条件下机器学习算法的表现。

1.2.1.2　裁切的草数据集

　　为了评测稀疏草或稠密草的分类性能,我们创建了裁切的草数据集,包含了110张彩色图片,其中60张是稠密草,50张是稀疏草。图像为自然光条件下所摄的彩色照片。为了覆盖现实条件下的不同种类的草,该数据集选取了不同尺寸的草盖,如图1.3所示。所有的图像均用JPEG格式存储,分辨率为900×500像素。

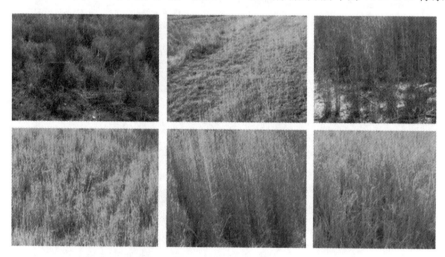

图 1.3　稀疏草(上一行)和稠密草(下一行)的样例图像

1.2.1.3　自然路边实体数据集

　　我们手工从左侧摄像头数据中选取了50张图片,如图1.4所示(独立于裁切路边实体数据集中的数据)。选择的这些图像对不同现实案例中的路边场景具有代表意义,覆盖了不同类型的植被和其他实体,例如泥土、路和天空。一位计算机视觉研究者对所有的像素进行了人工标注,划分为6个类别的实体,包括棕草、绿草、树、泥土、路和天空,这些标注在很多评测上被用作地面真值。不确定的区域被标注为“未知”。不同于裁切路边实体数据集,树叶和树干类别被合并到一个类别:树,这是由于图片中树干数量相对较少。

☐	褐草
▦	绿草
■	树
▨	土
▦	路
☐	天空
■	未知

图1.4 样例：自然路边实体数据集（左边）及其相应的 6 种路边实体地面真值的像素（右边）

1.2.1.4 自然道路实体数据集

自然道路实体数据集用来评测前侧视野中道路环境的实体识别性能。从前置摄像头中获取的 DTMR 视频中，抽取了超过 400 张的图片。这些图片是在不同的光照条件和自然环境中拍摄的，被统一调整到 960×1280 像素，以 JPEG 格式存储。图片主要集中于道路的车道，但也可能包含其他实体，例如树、草、天空和交通标志。出现的路、天空和交通标志都被手工标注为地面真值，为道路实体检测所用。图 1.5 展示了图像样例集。

图1.5 样例：自然道路实体数据集。图片使用前置摄像头拍摄

1.2.2 测试数据

1.2.2.1 斯坦福背景数据

斯坦福背景数据集[1]中包含了 715 张户外场景图片,这些图片是从已有的公开数据集中采集合并的,包括了 LabelMe、MSRC、PASCAL 和 Veometric Context。一共有 8 个实体类别:天空、树、路、草、水、建筑、山和前景实体。图片大约 320×240 像素,每一张至少包含一个前景实体。通过 Amazon Mechanical Turk①,所有的图像像素均人工标注了 8 个实体之一,或者是"未知"。样例图像见图 1.6。

天空
树
路
草
水
建筑
山
前景
未知

图 1.6 样例:斯坦福背景数据集中的图片及其地面真值的像素。图片是在相当广泛的现实世界中拍摄的,是目前场景内容理解领域最具有挑战性的数据集之一。

1.2.2.2 MSRC 21 类数据集

微软剑桥研究院 MSRC 21 类数据集[2]的设计目的是测评多分类实体切分和识别。如图 1.7 所示,它包含了 591 张图像,标注为 21 个类别,包括建筑、草、树、奶牛、绵羊、天、飞机、水、脸、汽车、自行车、花、指示牌、鸟、书、椅子、路、猫、狗、身体和船。图像的分辨率为 320×213 或 320×240 像素。该数据对类别提供了接近像素级别的地面真值标注,并将不属于这 21 类的像素标注为"空"。

---

① 译者注:一个众包平台。

图 1.7　样例：MSRC 21 类数据集中的图片及其相应地面真值的像素。在地面真值图片中，黑色像素表示"空"标签，在测评性能时不予考虑。

1.2.2.3　SIFT 流数据集

SIFT 流数据集[3]包含了完全由 LabelMe 用户标注的 2 688 张图片。其中，大部分图片是户外场景，出现次数最多的 33 类实体被保留进数据集，包括天空、建筑、山、树、路、海滩、空地等。还有一个"未标注"标签用于那些没有被标注或者标注为其他实体的像素。图片的分辨率为 256×256 像素，图 1.8 展示了部分样例图片。值得一提的是，绝大部分已有研究在切分训练或测试数据时使用了文献[3]的策略：2 488 张训练图片和 200 张测试图片。

图 1.8　样例：SIFT 流数据集中的图片及其相应地面真值的像素。一共有 33 个实体类别，但样例中只展示了一部分。

1.2.2.4　克罗地亚路边草数据集

　　克罗地亚路边草数据集包含了从视频中随机选择的 270 张图片,视频由一台高清 Canon XF100 摄像机拍摄而得,摄像机部署在一辆沿公路行驶汽车的右侧位置。数据是在白天的不同时间段采集的,覆盖了不同的交通场景,包括不同环境下的路边植被。在选择图片时,尽量覆盖不同环境下的植被:不同的光照环境、修剪和未修剪的草、灌木和与植被颜色相似的对象。图 1.9 主要展示了面向绿草和路的样例图像。图片的分辨率为 1 920×1 080 像素,并且图片的像素经过人工标注为"草"或者"非草"两类。

■ 非草

□ 草

图 1.9　样例:克罗地亚路边草数据集中的图片及其相应地面真值的像素

1.2.2.5　MNIST 数据集

　　混合国家标准和技术研究所(MNIST)的手写数字数据集被广泛应用于评测模式识别算法。这是美国国家标准与技术研究院(NIST)一个大的可用数据集的一个子集。其中包含了 0~9 十个数字,如图 1.10 所示,这些数字已经过尺寸标准化并位于尺寸为 28×28 像素的灰度图像中心。该数据集包含了 70 000 个手写样本,被切分为 60 000 个样本的训练集和 10 000 个样本的测试集。60 000 个样本的训练集大约由 250 个人完成。该数据集可以公开下载,网址为 http://yann.lecun.com/exdb/mnist/。

图 1.10 样例:MNIST 数据集中的手写数字[4]

1.3 基于路边视频数据的应用

路边视频数据分析有很多潜在的应用。本章描述了一些在现实世界中起着重要作用的典型应用。

(1)路边植被状态监测。基于具体点位估计路边植被的具体参数,例如生物量、高度、盖度和密度,这在很多应用中极为重要,比如帮助监测生长环境和路边植被管理。这些参数可以为植被的当前环境、生长阶段和未来趋势提供可靠和重要的指标。追踪这些参数的变动是探测和量化植被的影响因素的有效途径,影响因素包括疾病、干旱、泥土营养和水压。据此实施合适的措施有助于达到农业和林业的种植目标。

(2)路边火灾风险评测。路边植被,例如草和树,有着高生物量,是造成火灾的主要因素,对司机和车辆有安全风险。由于路网的数量极大且环境复杂难以预测,在实践中使用人力一贯和频繁地检查所有的路边潜在火灾风险是不可行和不可能的。由高生物量植被导致的火灾风险可能发生在路边的任何位置，给司机和车辆带来了大量风险。除此之外，火势可能蔓延到临近区域，从而导致更大的自然灾害，比如野外火灾。因此，开发自动有效的方法来估计路边植被的生物量，对于交通部门识别易着火路段并采取必要措施来烧掉或砍掉植被以防止可能的风险，是非常重要的。

（3）路边植被再生管理。一些种类的植被，例如树和灌木，它们的枝杈长得很快，会越过路的边界，可能会影响到路面上车辆的正常驾驶。而其他种类的植被可能长得比较慢，离路面较远，几乎不造成危险。识别路边植被的再生环境，比如与路之间的距离、高度、大小、植被绿度，并采取合适的处置方式来砍掉具有潜在危险的枝丫，对保证安全驾驶环境很重要。目前，识别工作主要由人工完成。因此，开发监测路边植被再生环境的自动技术，可以解放劳动力和降低成本。技术成果也可以帮助相关交通部门决定用什么样的设备来管理路边植被再生环境。比如，小设备用来砍小树和灌木，大设备用来砍大树。成果还可以帮助估计管理再生环境的成本，大树移动的成本更高，小灌木的处理成本较低。

1.4　本书内容安排

本书以下章节的内容安排如下。

在第二章，我们展示了一个路边视频数据分析的框架，着重介绍了真实的路边视频分析系统的主要处理步骤和组件。这为使用相关的算法和技术进行路边视频数据分析提供了蓝图。我们还简要介绍了特征提取、对象切分和对象识别中的关键技术。另外，我们还综述了植被和一般对象识别的相关工作。最后，本章提供了一些常用数据处理算法的 Matlab 代码。

在第三章，我们介绍了一些非深度学习的技术，这些技术已被用于或可以用于路边视频数据分析。我们介绍了每一种技术的主要处理步骤，并通过在工业和评测数据集上进行实验评测它们的性能。

在第四章，我们介绍了在路边数据分析中的深度学习技术及相关应用。基于同一个多层感知分类器（MLP），我们通过实验比较了卷积神经网络（CNN）和手工特征工程方法在自动提取特征方面的表现。同时，我们还比较了组合的多个 CNN 架构与单个 CNN 或者 MLP 模型。接着，我们提出了一个新的深度学习网络来进行对象切分，它可以在三个评测数据集上获得最好的结果。

在第五章，我们展示了一个案例分析，该案例利用机器学习技术建立了一个用于路边火灾风险评测的系统性框架。面向使用草像素的垂直方向连通性算法（VOCGP）来估计路边草的燃料负荷的应用，我们通过实验比较了 CNN 自动提取特征和人工设置的纹理和颜色特征两种方法的表现。我们描述了从中央昆士兰地区的一系列路边站点搜集到的目标燃料负荷的现场样本数据。该框架在识别该地区的国家公路上的易着火区域方面取得了良好的效果。

　　在第六章，我们推荐了这个研究方向上的一些工作，并且就推进利用路边数据分析技术的相关研究和应用方面，探讨了未来可能的挑战和机会。

参考文献

　　1. S. Gould, R. Fulton, D. Koller, Decomposing a scene into geometric and semantically consistent regions, in *IEEE 12th International Conference on Computer Vision* (*ICCV*), 2009, pp. 1 - 8

　　2. J. Shotton, J. Winn, C. Rother, A. Criminisi, Textonboost for image understanding: multi-class object recognition and segmentation by jointly modeling texture, layout, and context. Int. J. Comput. Vis. 81, 2 - 23 (2009)

　　3. L. Ce, J. Yuen, A. Torralba, Nonparametric scene parsing: label transfer via dense scene alignment, in *IEEE Conference on Computer Vision and Pattern Recognition* (*CVPR*), 2009, pp. 1972 - 1979

　　4. Y. Lecun, L. Bottou, Y. Bengio, P. Haffner, Gradient-based learning applied to document recognition. Proc. IEEE 86, 2278 - 2324 (1998)

第二章　路边视频数据分析框架

本章介绍通用的路边视频数据分析框架及框架中的主要处理步骤。此外还综述了植被和一般对象切分的相关工作,并列出了一些通用的数据处理算法。

2.1　概述

图 2.1 描述了路边视频数据分析的一个通用框架,框架由五个主要步骤组成。对于一个给定的路边视频,首先要进行数据预处理工作,以使其适用于框架中的后续步骤。例如,视频可以先被转换为一个序列的静态帧,然后调整到同样的分辨率。在对象切分步骤中,每一帧图像被切分为多个对象区域,每个区域中针对这个对象提取出一些表示能力强的特征,可供未来使用深度学习或者其他机器学习技术对其分类使用(例如:草的低/高燃料负荷)。当将所有关注的对象都正确分类后,就可以针对具体应用的目标实施相应的应用。

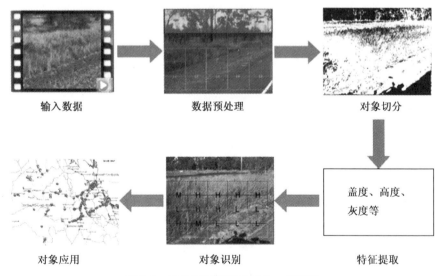

图 2.1　路边视频数据分析的一般框架

　　值得一提的是,对原始视频数据所设计的植被切分和分类的自动系统面临着很多挑战,例如植被可能是非结构化的、动态的,甚至有些无法预测的设定;环境条件的显著变化;数据会高度依赖采集过程的设定,例如摄像机的设定和分辨率;场景可能过曝光、曝光不足或者模糊。因此,在设计该类技术时,应当考虑整个系统的部分处理步骤中上述的全部或者一部分问题。

2.2　方法

2.2.1　路边视频数据的预处理

　　数据预处理是一个重要的步骤,它为后续步骤提供适当类型的数据并确保获得预期的处理结果。根据每一个具体应用的目标和视频数据的自身特点,该步骤可以使用多种不同类型的预处理技术。在此,我们介绍几种通用的预处理技术。

　　(1)视频到帧的转换。事实上,有很多应用只需要原始的视频数据,直接对这些数据进行处理以获得想要的结果。但通常,将视频数据转化为帧序列的步骤仍然是许多应用的必要步骤。从输入的视频数据中提取帧有利于进一步进行详细的分析,而且可以分别对每一帧进行处理,在一些具体应用中,这对于获取细节信息是非常重要的。图 2.2 举例说明了从路边视频中提取一系列帧的过程。

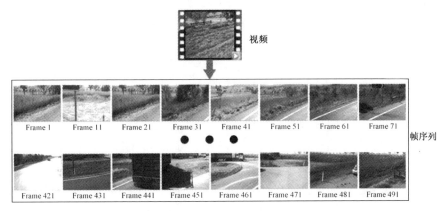

　　图 2.2　样例:视频到帧的转换。样例视频中共有 500 帧,每 10 帧展示 1 次。

（2）色彩空间转换。目前有很多种类的色彩空间，从视频帧内容的角度看，它们各有特点，例如 RGB，HSV，CIELab，$O_1O_2O_3$ 等。为了保证特征提取的鲁棒性，常见的做法是将一个色彩空间转换为其他合适的色彩空间（例如[1]），从而对环境所造成的影响更为鲁棒或一致，例如阴影、照明，以及动态和不可控的光照条件。以灰度级别共享矩阵（Gray-Level Co-occurrence Matrix，GLCM）和直方图均衡（histogram equalization）等处理灰度图片的算法为例，原始的彩色图片需要先被转换为灰度图片。RGB 转为灰度是使用最频繁的转换方法之一，因为大多数现有的彩色图片都可以用 R、G 和 B 通道来表示。有很多方法可以将 RGB 转为灰度，例如取 R、G 和 B 的平均值，最常用的方法见公式 2.1。

$$I = 0.298\,9 \times R + 0.587\,0 \times G + 0.114\,0 \times B \tag{2.1}$$

其中，R、G 和 B 分别代表红色、绿色和蓝色通道，I 是灰色图像。该转换的优势在于它并不同等对待每个颜色通道，而是考虑到人眼接受绿色大于红色大于蓝色的事实。图 2.3 给出了一个 RGB 转灰度的例子。

图 2.3　样例：RGB 图像（左边）转换为灰度图像（右边）

（3）调整帧的大小。由于不同的录像或照相设备的不同特点，视频帧在像素分辨率上可能大有不同。因为路边视频分析系统对输入数据的大小和计算时间有一定要求，所以将帧调整到合适的分辨率是一个必要步骤。选择一个合适的帧大小，以适应不同分辨率的数据，这是很关键的步骤。通常情况下，缩小帧的大小会导致一些内容信息的丢失，而增大帧的大小需要引入人工生成的信息，这可能会对系统的性能产生显著影响。此外，还可以使用各种类型的算法来调整大小，例如最近邻插值、双线性插值和双三次插值，也会影响到调整大小后帧的质量。图 2.4 展示了一些调整帧的大小的样例，数据来自裁切路边对象数据集。

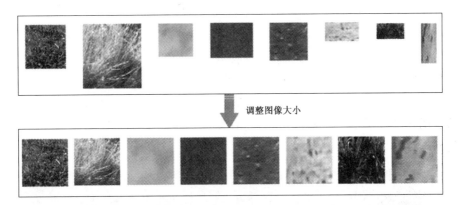

调整图像大小

图 2.4 样例:使用图像调整大小技术将裁切路边区域图片调整到同样分辨率

（4）直方图均衡。在真实环境条件下捕获的数据可能会暴露在不同的照明效果下，例如阴影、光亮、欠曝光和过度曝光。这些效果对机器学习算法的鲁棒性构成了主要挑战，因为它们可能会实质性地改变场景数据中的一部分或全部外观，并导致对象之间的混淆。尽管很多关于场景内容理解的研究[2]中提出了一些技术来克服部分效果，在将数据输入下一步的处理步骤之前，首先调整照明效果以确保场景数据中的照明均匀，这是一个常见的预处理步骤。处理不均匀光照的一种最常用的方法是进行直方图均衡，将强度图像变换成具有近似均匀分布的直方图，从而降低光照效果。

（5）去除噪声。图像和视频数据很容易受到各种各样噪声的影响，例如椒盐噪声，从而不能反映现实世界对象的真实信号。在数据的获取阶段、传输阶段和后处理阶段都可能引入噪声，具体要看数据建立的方法。有很多图像过滤方法可以去除噪声，例如平均滤波器、中值滤波器、Sobel 滤波器和 Wiener 滤波器。图 2.5 演示了一张通过中值滤波器来去除噪声的样例图片。

图 2.5 样例:原始路边图片(左侧)和经过 3×3 像素的
中值滤波器的噪声去除图片(右侧)

　　(6)样本区域选择。整个帧中常常捕捉了大量的场景内容和对象。但在大多数情况下,终端用户或者具体应用只对其中的一部分很感兴趣。因此,有必要进行样本区域选择,以从场景中获取感兴趣的区域(ROI),这些区域精确对应于实践中使用的路边区域。选中的区域常随着不同的应用而不同,并且这个步骤常被用来帮助人工裁切或预设置自动系统中 ROI 的位置、大小和形状。图 2.6 展示了一个样例,包含了在现场测试中的样本区域和其在照片中的样本区域。

图 2.6　样例:现场测试中左侧由白色塑料方块指示的样本区域(左图),
以及相应的由红色矩形在图片上画出的样本区域(右图)

2.2.2　将路边视频数据切分为对象

　　对象切分的目标是确定在视频或帧数据中出现的每一种可能对象的类型和位置。在很多计算机视觉任务里,对象切分都是必须的预处理步骤,它为下一步的细节分析或目标对象处理提供了支持。对象切分本身是一个相对流行的研究方向,有着大量从场景标记、场景解析、图像切分等视角开展研究的相关研究文献。然而,由于无约束环境和物体外观的巨大变动,自动而准确地从自然路边数据中进行植被切分仍然是一项具有挑战性的任务。这些数据可能受各种室外环境影响,如过度曝光、曝光不足、阴影和阳光反射。即使事先了解了地点、季节、时间、天气状况等,准确预测新场景中物体的类型和外观仍然是一项困难的任务。图 2.7 给出了两个路边帧和它们相应的实体切分结果。

图 2.7 路边帧中对象切分的图形样例。这些帧被切分到不同的对象类别，例如树、天空、路、泥土、棕草和绿草。

2.2.3 对象特征提取

为了能够识别对象，通常需要提取一组能够有效地表示不同对象视觉特点的特征。根据特定应用的目标，需要提取不同类型的特征。例如，天空一般可以用蓝色或白色表示，而树主要以绿色或黄色为特征。值得一提的是，特征可供对象切分和对象分类任务同时使用。自动特征提取面临的挑战是不同阳光条件和室外环境下光的颜色和强度的变化，以及大多数种类的植被缺少特定的形状和纹理。最新的研究表明，要想成功对植被进行切分，得从具体种类的植被中提取特征，而不是从所有的植被中提取。根据数据采集设备的光谱，现有研究中使用的特征大致可分为两类：可见特征和不可见特征。

（1）可见特征指在可见光谱中反映的天空、道路、土壤等路边物体的形状、纹理、几何特征、结构和颜色特征。这些特征通常从可见光谱中提取出来，因此与人眼的感知有很高的一致性。颜色是人眼在感知和辨别不同类型物体时所依赖的主要因素之一。有些植被没有特定类型的纹理或形状,但通常可以其主要的颜色来表示。植被区域常见的颜色通道有绿色、红色、橙色、棕色和黄色,最常用的颜色空间有 RGB、HIS、HSV、YUV 和 CIELAB。但是,也有一些对象具有相似的颜色特征,因此仅使用颜色特征是不容易区分的,特别是在复杂的现实环境条件下。例如,在大多数环境条件下,HSV 空间中的植被颜色是绿色的。但如果场景中有天空和不同的照明环境时,情况可能不一样,例如阴影、闪光、欠曝光和过曝光效果。对于难以通过颜色特征进行区分的对象,其他类型的特征(如纹理、位置和几何特性)能够提供补充信息,要想对这些对象进行可靠的分类,这些特征极为重要。因此,为了在自然条件下获得更好的效果,建议融合多种特征。计算机视觉领域中使用的纹理特征的样例包括局部二值模式(LBPs)、伽博滤波器、比例不变特征变换(SIFT)、定向梯度直方图(HOGs)和 GLCM。

(2) 不可见特征方法指从植被上提取不可见光谱中的反射特征,以将它们和其他对象区分开来。众所周知,植物需要利用叶绿素将太阳辐射能转化为代谢能,因此会对特定波长的光表现出特有的吸收特性。基于此,各种类型的植被指数(VI)被提出,以刻画植被和其他对象在可用波段上的光谱属性的不同,特别是在绿色和近红外波段。不可见特征的一个巨大优势是,它们通常对环境条件的巨大变化(如照明变化和光照)保持高度的鲁棒性,因此它们有助于系统在现实环境中取得稳定的性能表现。相比之下,使用不可见特征的一个主要缺点是取得它们需要专门的数据采集设备,例如光探测和测距(LIDAR)、近红外摄像机和传感器。这一要求在某种程度上限制了不可见特征在很多应用中的直接使用。此外,如何定义能够使用于所有自然条件下的 VI 也是一个问题。表 2.1给出了现有研究中使用的一系列不同类型的特征。

表 2.1　已有的视频数据分析研究中所用的典型特征

类别	子类别	特征
可见	色彩空间	Lab,RGB,HSV,YUV 等
	色彩统计	直方图,平均值,标准差,最大值,最小值,方差,熵等
	纹理	LBP,SIFT,HOG,伽博滤波器,GLCM,CWT,像素强度差(PID)等
	几何	位置,大小,形状,区域,质心,离心距等
	运动	光流
	植被指数	过绿特征(ExG),过红特征(ExR),可见植被指数(VVI),植被提取色彩指数(CIVE)等

（续表）

类别	子类别	特征
不可见	—	标准化的植被指数差（NDVI）
	—	近红外线
	—	修正的 NDVI（MNDVI）
	—	激光反射性

注：植被指数（VI）既可以是可见的也可以是不可见的。

2.2.4 路边对象分类

对象分类的目的是识别路边数据中对象的类型或状态，例如草的燃料负荷、树的高度、交通标志的内容和道路宽度。给定从每个对象中提取出的特征集合，关键任务是设计一个合适的机器学习算法，该算法能够可靠地预测目标对象的状态。尽管人类能够排除对象阴影之类环境的影响，轻松地识别出一些对象的状态，但使用机器进行自动对象分类仍然是一项具有挑战性的任务。已有研究中有很多相关算法，这些算法一般可以分为有监督学习算法或者无监督学习算法，我们将在下面进行简要介绍。

（1）有监督学习：通常需要设计一个合适的机器学习算法，并根据标记的训练数据集找到算法的最佳参数。数据集中的每个样本都由一个输入对象和一个期望的输出值组成，整个数据集通常分为三个子集：训练集、验证集和测试集。首先，训练集被用来训练算法的参数，接着在验证集上评测算法参数的性能，最后使用获得的算法在测试集上对对象的状态进行预测，并产生最终的性能评价报告，比如分类精度①。常用的有监督学习算法技术有人工神经网络（ANN）、支持向量机（SVM）、决策树、随机森林、非线性回归、条件随机场（CRF）和最近邻居算法。

（2）无监督学习：不需要训练数据就可以进行预测，无论有没有标注过的地面真值，都可以直接从数据集中得出推断结果。与有监督学习不同，无监督学习试图推断出一个预测函数，该函数能最好地描述有标记或无标记数据的模式信息，因此无监督学习的优点是不需要标注数据，当实践中难以或不可能通过人工标注获取地面真值时，无监督学习的优势尤为重要。最常见的无监督学习算法有 K-均值聚类、层次聚类法、主成分分析、独立成分分析、非负矩阵分解和自组

---

① 译者注：参数分为超参数和模型参数，超参数是手工设定的，需要在开发集上不断调试，以获得最优的超参数设置。文中所说的参数是模型参数，这是在训练集上学习得到的。

织映射(SOM)。

2.2.5　路边对象分类应用

路边对象一旦进行了分类,随时就可以服务于很多在特定领域中非常重要的潜在应用,例如农业、交通、道路安全和自然灾害预防。本节列出了这些应用的一些例子。

(1)交通标志检测。交通标志是规范和指引车辆驾驶员安全驾驶的重要信号之一。自动交通标志检测可以帮助驾驶员做出正确的驾驶决策,特别是在恶劣的天气条件下,以及标志不太清楚时。开发有智能感知能力、能在各种路况下自动地指引车辆,或者能给驾驶员发送警报来避免可能事故发生的自动交通标志检测技术,这一点也尤为重要。

(2)易着火区域识别。棕草和树木等路边植被引起的路边火灾风险是威胁道路安全的主要因素,严重时甚至会引发如森林火灾之类的重大灾害。目前在实践中,交通部门仍然很依赖人的目视检查来发现易着火的路边区域,并且仍然缺乏可以自动识别易着火区域的有效系统。使用自动技术来解决这一问题变得越来越重要,而研究鲁棒性强的机器学习算法来进行路边对象分类可以让我们更加接近这一目标。图2.8给出了一些样例路边帧,它们可能是高火灾风险和低火灾风险区域。

高火灾风险的路边草

低火灾风险的路边草

图2.8　样例:高/低火灾风险的路边草

（3）路边植被管理。有效的路边植被管理要求能做到动态、准确、持续地监测不同种类路边植被的生长状况。如果能够在特定季节沿着给定道路获取沿线的植被种类，就可以帮助农民和农业专家做出更好的决策和制订更有效的计划，使用必要的处理手段以确保植被的健康状况，并同时消除可能存在的问题，例如虫害和干旱。

（4）路边树木再生控制。在一些路边区域，树木会逐渐生长到靠近道路边界，可能对道路安全造成危害。因此，有必要使用自动方法来识别这些会带来潜在危险的树木和它们的状况，并使用合适的手段来消除这些潜在危害。如图2.9所示，一共有四级再生环境，包括重度、中度、轻度和零度。"零度"指离路很远的大树，而"重度"指离路很近的小树和灌木。一般地，当树在道路 10 米之内时可以被认为过近而且危险。这些结果可以帮助服务商使用针对性的设备来管理正确位置的再生环境。小设备可以用来砍小树和灌木，而大设备用来对付大树。因为移除大树费用较高，而消除小灌木则相对便宜，这还有助于估计工作成本。树木再生管理的目标是有效处理再生问题，最大限度地减少道路缺陷，并减少相关的工作成本。

重度 中度

轻度 零度

图 2.9 样例：四级再生环境，包括重度、中度、轻度和零度

2.3　相关工作

本章我们回顾了植被切分和分类的相关工作。此外,我们还简要回顾了一般场景下对象切分的已有工作,这些方法可能被用来进行植被切分。值得注意的是,大多数植被切分方面的相关工作来自遥感[3]和生态系统等领域,这些领域使用不同类型的传感器、激光扫描仪、雷达和特殊类型的自动车辆。而本章仅介绍使用普通数码相机采集数据的方法。

2.3.1　植被切分和分类

根据特征类型的不同,植被切分和分类方面的已有研究可大致分为三类:可见特征方法、不可见特征方法和混合特征方法。

2.3.1.1　可见特征方法

可见特征方法试图通过使用植被在可见光谱中的区分性特征,如颜色、形状、纹理、几何和结构特征,将其与土壤、树木、天空和道路等其他物体区分开来。使用可见特征的一个主要优势是它们与人类对物体的视觉感知保持高度一致。

在现实环境中,颜色是人眼对不同物体进行感知和分辨所用的主要信息之一。大多数植被主要是绿色或黄色,因此颜色是现有植被分割研究中使用最为广泛的特征之一,它主要研究各种颜色空间的适用性,如 CIELab[4]、YUV[5]、HSV[6]和 RGB[7]。然而,在复杂的自然条件下寻找合适的植被颜色表示仍然是一项具有挑战性的任务。设计光照不变或能够自动适应动态变化环境的色彩空间仍然是一个活跃的研究方向[1]。

除颜色外,纹理是另一种常见的可见特征,主要反映对象的外观结构,通常使用小波滤波器(如伽博滤波器[8]和连续小波变换(CWT)[6])来表示特征,使用像素强度差(PIDs)[4,5]和邻域变化[9,10]等方法来提取像素强度分布,或者生成空间统计测量值[10]、熵[7]或者超像素上的统计特征[11]。

表 2.2 列出了现有的植被切分研究中具有代表性的可见特征方法。文献[12]是在室外图像上进行植被切分的早期研究之一,该文献采用 SOM 进行对象切分,然后使用多层感知器(MLP)从切分区域提取颜色、纹理、形状、大小、质心和背景特征,以用于 11 个对象的自动分类。文献[7]中,熵被用于纹理特征,结合 RGB 颜色特征和 SVM 分类器来对路边图像进行植被检测。像素强度差可以和 YUV 通道的三维高斯模型结合,从而进行草检测[5],也可以和 Lab 的

颜色通道结合来进行对象切分[4]。文献[6]通过光流来估计视频帧之间的运动,从而作为检测 ROI 的预处理步骤。其中,色彩和纹理特征是通过一个二维的 CWT 来提取的,并通过测量植被的电阻来辅助植被检测[13]。文献[14]中,LBP 和 GLCM 结合使用以区分稠密路边草和稀疏路边草,结果由 SVM、ANN和 K 近邻(KNN)投票而得。在文献[15]中,RGB、HLS、Lab 颜色通道和基于纹理特征的共现矩阵被混合使用,以进行室外场景分析。首先基于概率像素映射来选定初始种子像素集合,该映射是在选定的色彩和纹理特征子集上使用高斯密度函数建立的。以最小化全局能量函数为目标,像素以初始种子为起点,通过集成区域和边界信息进行生长。

基于从农田中获取的图片或视频数据,还有很多研究[16,17]致力于农作物的检测和分类,以将其与泥土和杂草等其他对象分开。大多数研究都是利用作物的绿色特征来完成识别任务的,并且通常是基于简化的环境条件而不是自然条件,因此本文不对此进行综述。

大多数可见特征方法聚焦于对植被和非植被进行二值分类。尽管使用可见光谱中的各种色彩和纹理特征常常可以取得不错的结果,但并没有一种大家都认可的、通用的特征集可以在自然环境下运行得足够好。当场景中出现相似的物体(如草和树、绿色车辆和绿草,以及照明条件发生变化时),大多数可见特征的方法都会出现问题。另一种解决方案是采用不可见光谱中的特征,这种特征能够对环境的变动保持更好的鲁棒性。

表 2.2　植被切分的典型可见方法总结

引文	颜色	纹理	分类器	对象	数据	精度(％)
[12]	RGB, O1, O2, R－G,(R＋G)/2－B	伽博滤波器,形状	SOM＋MLP	植被,天空,路,墙等	3751 R	61.1
						80
[7]	RGB	熵	RBF SVM＋MO	植被 对 非植被	270 I	95.0
[6]	RGB, HSV, YUV, CIELab	2D CWT	SVM＋MO	植被 对 非植被	270 I	96.1
[5]	YUV(3D 高斯)	PID	软切分	草对非草	62 I	91
[8]	O₁,O₂	NDVI 和 MNDVI	传播规律	植被 对 非植被	2000 I	95
		伽博滤波器			10 V	

（续表）

引文	颜色	纹理	分类器	对象	数据	精度（%）
[18]	H,S	草高（激光雷达）	RBF SVM	草对非草	N/A	N/A
[4]	Lab	PID	K-均值聚类	对象切分	N/A	79
[10]	灰度	强度均值和方差，二进制边，临近中心点	聚类	草对人工纹理	40 R	95 / 90
[14]	灰度	LBP, GLCM	SVM, ANN, KNN	稠密草对稀疏草	110 I	92.7
[15]	RGB, HLS, Lab	共现矩阵	高斯 PDF ＋ 全局能量	5,5 和 7 对象	41 I / 87 I / 100 I	89.9 / 90.0 / 86.8
[19]	RGB, Lab	色矩	超像素融合	7 对象	650 I / 50 I	>90 / 77%

注：N/A 指不可用，I 表示图像，V 表示视频，R 表示区域。

2.3.1.2　不可见特征方法

由于植被中富含叶绿素，其光谱特性和在不可见光谱中的反射特性与其他对象有所不同，这一点被不可见特征方法用以区分植被和其他物体，或用来确定它们的特性（例如在车辆导航时确定哪些植被可以穿行[13]）。众所周知，植物需要利用叶绿素将太阳辐射能转化为代谢能，因此会表现出独特的波长吸收特性。根据这一理论，人们设计了各种类型的植被指数，用以凸显植被的光谱特性和其他对象在可用波段内光谱特性的差异，特别是在绿色和近红外波段内。与可见特征相比，不可见特征的一个显著优点是，它们对阴影、光亮和曝光不足等环境变化具有更强的鲁棒性。文献[20]使用了一个简单的实验论证了植被指数在植被分类中的强大功能，通过对红色和近红外（NIR）反射特征进行逐像素的比较，他们发现植被指数可以强有力并鲁棒地检测进行光合作用的植被。一般来说，健康茂密的植被会反射高 NIR 和低红色光谱。相反，稀疏且不健康的植被显示出较低的 NIR 反射率，但红色反射率较高。文献[20]将 NIR 修正为标准化植被指数差（NDVI），并在植被检测上成功应用。在光照条件变化时，Nguyen 等人[2]发现标准 NDVI 中用来分割植被和其他对象地超平面可能是对数形式而不是线性形式,因此他们提出了修正的 NDVI(MNDVI)。他们还通过实验证明,在阴影、光照、曝光不足和曝光过度等各种光照效应下,MNDVI 比 NDVI 具有更强、更稳定的植被检测能力。然而,在曝光不足或者昏暗的光照条件下,MNDVI 的软化红反射影响会带来问题,但 NDVI 在这些环境下则表现良好。因此,文献[13]对二者进行结合,从而对照明条件的变动更具有鲁棒性。在结构化环境中,Wurm 等人[21]测量了激光在区分植被和非植被区域的增强效应。Bradley 等人[20]在地面地形分类中引入了植被的光谱反射,之后,激光技术被引入该方法,增强了其鲁棒性。研究表明,通过增加独立光照和改变曝光时间,植被检测系统能够在不同的光照条件下更稳定地工作[2]。表 2.3 列出了现有研究中植被切分的典型不可见特征方法。

但不可见特征方法的一个主要缺点是它们需要专门的数据采集设备,如激光扫描仪、近红外摄像机和传感器。因此,该缺点限制了不可见特征在不同应用中的直接使用。如何定义合适的植被指数,使其能够鲁棒地适用于各种自然条件,这仍然是该领域的一个问题。

表 2.3　植被切分中典型的不可见特征方法总结

引文	特征	分类器	对象	数据	结果(%)
[20]	密度,曲面法线,散点矩阵特征值,RGB,NIR,和 NDVI	多分类逻辑回归	植被,障碍或地面	两个物理环境	95.1
[2]	MNDVI	阈值	植被对非植被	5000 I,20 V	91
[13]	MNDVI,NDVI,背景剪除,密光流	混合	可通过的植被对其他	1000 I	98.4
[22]	激光反射,测量距离,入射角	SVM	平植被对可驾驶的地面	36 304 个植被 / 28 883 个街道	99.9
[23]	Lab 和近红外滤波器组	联合 boost+CRF	八类(路,天空,树木,轿车等)	2 V	87.3
[9]	激光雷达散射特征、强度平均值和标准差、散射、表面、直方图	SVM	植被对非植被	500 I	81.5

注:I 指图像,V 指视频。

2.3.1.3　混合特征方法

混合特征方法结合了可见和不可见特征,利用可见特征表示物体视觉外观的能力和不可见特征应对环境影响因素的鲁棒性能力,可以得到鲁棒性更好、更精确的分类结果。

Nguyen 等人[8]提出了一种对可通行植被进行双重检查的主动方法。他们滑动一个三维立方体在点云中计算统计特征,并在每一个滑动立方体中计算出一个正定协方差矩阵。协方差矩阵中提取出的特征值和特征向量用来表示两种三维点云统计,包括散射特征和表面特征,其中散射特征表示植被,例如灌木、高树和树冠,表面特征表示固体对象,例如岩石、地表和树干。然而,使用三维特征难以取得鲁棒性高的植被切分效果,因为没有考虑到颜色信息。因此,Nguyen 等人[9]提出了一种二维和三维融合的方法,在进行户外汽车导航时可以考虑到色彩信息,以检测视区内植被区域的位置。他们使用了六种特征来训练 SVM 分类器,包括强度、颜色特征的柱状图和三维散射特征。强度特征包括 HSV 空间亮度和颜色的均值和标准差,而三维散射特征反映了 LADAR 数据局部邻域植被的空间结构。这种方法的局限是需要很长的处理时间,以及特征值高度依赖于环境、传感器类型、扫描点数量和点密度。Liu 等人[18]提出了一种类似的方法,他们结合二维和三维特征来区分草和非草区域,高度和颜色信息则通过一个多层雷达和一个彩色摄像机分别获取。色彩信息用 HSV 空间中的 H 和 S 分量进行表示。Lu 等人[24]和 Nguyen 等人[25]提出了多特征结合的方法,例如色彩、纹理和三维分布信息,来进行植被切割。文献[23]从可见光 L,a,b 和红外通道中提取了一个 20 维滤波器组的特征向量,用于道路对象切分。他们提出了一种层次基元包的方法,用来从更大的邻域中提取多尺度基元特征,以用作空间邻域信息。基元本质上是使用聚类算法产生的每个模式的中心。在作者自己的道路场景视频数据集中,他们对 8 个对象的分类任务取得了大约 87% 的全局精度。在文献[8]中,色彩空间分量和伽博特征被结合在一起,用以测量像素和邻域的相似度,以实现植被像素扩展。NDVI 和 MNDVI 被融合在一起,用以选择富含叶绿素的植被像素,以充作用于传播的初始种子像素。

相比可见和不可见特征方法,混合特征方法常常可以得到更好的结果,但也具有二者的缺点,例如需要特定的数据获取设备。如何选择合适的可见和不可见特征来结合,仍然是有待进一步探讨的问题。

2.3.2　通用对象切分和分类

通用对象切分和分类方法致力于发现给定对象所在的区域。在计算机视觉任务中二者常和场景标记、对象分类、语义切分等任务共用相似的概念,并有可能被应用于路边植被切分。

　　对象分类系统的设计必须处理几个子任务,包括选择合适的基本区域(例如像素、碎片块和超像素,其中,超像素指相邻的像素组,这些组为具有相似的外观和感知意义的原子区域,如图 2.10 所示)、选择有区分性的视觉特征(例如颜色、纹理和形状)来描述它们、建立鲁棒性强的预测模型来获取类标签置信度、提取有效的上下文特征、将上下文信息集成至预测模型中。根据所使用的技术或特征,现有的方法可以分为不同的类别,如参数与非参数、有监督与无监督、基于像素与基于区域。

　　　　路边图像　　　　　　　　　　　　　　分割的超像素

　　　　路边图像　　　　　　　　　　　　　　分割的超像素

图 2.10　使用基于图的分割算法在路边图像中显示分割的超像素[26]。
不同的颜色表示不同的超像素区域

　　早期的目标分割方法是使用在像素级别[15,27]或块级别(patch-level)[23]上提取的一组低级别视觉特征来得到图像像素的类标签。但是,由于像素级特征是面向每个单独像素分别提取的,因此它们无法捕获对象的局部区域的统计特征。另一方面,块级别特征能够获取区域的统计特征,但由于对对象的边界进行精确分割较为困难,容易受到背景物体的噪声干扰。最近的研究[28~31]更多地集中于将超像素级特征作为对象目标分割的基本单位,在提取具有区分性的特征方面显示出了良好的效果。与传统的块级别特征相比,超像素级特征有几个优点:1) 对于一个单独的标签,可以使用自然的、自适应的区域来划定一个合理的支持区域,而不是使用固定窗口来划定。2) 在统计特征的提取方面更具有一致性,通过汇集多个像素的特征来捕获上下文信息。3) 需要较少的计算时间。最常用的超像素级功能包括颜色(例如 RGB[32,33]和 CIELab[27,28,32,34,35]),纹理(例如 SIFT[33,36]),基元(texton)[27,33],高斯滤波器[32],Gist[34]和金字塔梯度方向直方图(Pyramid Histogram of Oriented Gradients,PHOGs[34]),外观(例如颜色缩略图[33]),位置[37]和形状。

尽管基于视觉特征的预测方法有很多优点,但由于它对每个超像素都是独立处理的,并且不考虑场景的语义上下文,因此在复杂场景的对象目标分割中,该类方法常常面临挑战。现有的绝大多数分割算法都是基于图模型的,如 CRF[31]和马尔可夫随机域(MRF)[33]。文献[31]研究了在对象识别中如何使用邻域的超像素,将超像素和邻域的柱状图基于 CRF 进行结合。但该方法仍十分依赖于初始种子超像素的选择。Tighe 和 Lazebnik[33]使用朴素贝叶斯(Naive Bayes)获取超像素标签,并通过最小化超像素标签上的 MRF 能量来实现对象的上下文约束。最近,Balali 和 Golparvar-Fard 提取了一组超像素特征,使用 MRF 方法识别道路上的对象。当前基于超像素的方法主要依赖于图模型(如 CRF 和 MRF),该模型通过联合最小化两个对象的总能量:一元势能(unarypotentials)表示每个超像素(或像素)属于某一个语义类别的可能性;成对势能(pair wise potentials)表示相邻超像素(或像素)之间类别标签的空间一致性。然而,平面的图模型本身难以学习到高阶的上下文关系。

为了解决这一问题,人们提出了多种方法来结合上下文信息,以提高对象分割的准确性,这些方法通常分为两个阶段:特征提取和标签推断。特征提取通过设计一组丰富的语义描述来结合上下文信息,这些语义描述可以表示不同类型场景中对象之间的内在相关性。常用的上下文特征包括绝对位置[27],用以获取场景中类标签对像素的绝对位置的依赖关系;相对位置[32],表示虚拟放大图像中对象之间的相对位置偏移;有方向的空间关系[38,39],表示物体的空间排列,例如上、下、左、右、包围等空间关系;对象共现统计[36],它反映同一场景中两个对象共现的可能性。相对位置、有方向的空间关系和对象共现统计的主要缺点是,它们完全抛弃了场景中对象的绝对空间坐标,因此无法获取空间的上下文信息,例如场景顶部出现天空的可能性更高。相比之下,绝对位置过度地保留了对象的所有像素坐标,因此通常需要一个大的训练数据集来收集每个对象和每个图像像素的可靠先验统计数据。

另一种结合上下文的流行方法是在标签推理阶段使用图模型,如 CRF[29,40,41],MRF[42]和能量函数[15]。然而,这些图模型有两个缺点:(1)由于进行完美的图像分割很困难,无法保证超像素的标签正确性。(2)只考虑相邻区域的上下文信息。为了解决这些缺点,一种方法是采用层次化模型,如层次化 CRF[43]、叠加的层次学习[34]和斜拉模型(pylon model)[43],生成金字塔结构的图像超像素,并对多级别的图像进行分类优化,以减少区域边界不准确所造成的影响,并更好地利用高阶上下文信息。另一种方法是从多个区域提取特征描述,例如聚合直方图[31]和加权外观特征[32]。尽管这些方法使用了更大的上下文,但仍然无法完全获取整个场景中对象的长距离依赖关系,并且无法自适应场景内容。

图模型的另一个缺点是它们的参数只能从训练数据中学习,因此其性能在很大程度上依赖于可用的训练数据,并且它们对于新的测试数据存在泛化问题。对于实际应用,收集大量的、足够的训练数据通常非常困难,甚至是不可能的,并且非常耗时耗力。该问题的一个解决方案是采用非参数化方法[44],该方法在大数据集上尤其有效,它首先使用目标图片在训练图像中找到最为相似的图片集合,然后使用 K-近邻策略将图片集合的标签迁移到目标图片之上。然而,非参数方法仍然依赖于检索策略的可靠性和准确性。

最近,在原始图像的像素中提取具有区分性和一致性的特征方面,深度学习技术比传统的手工特征模板方法更具有优势。广为人知的 CNN 使用卷积层(Convolutional layer)和池化层(Pooling layer)逐步提取更抽象的模式,并在许多视觉任务[45](包括对象分割)中得到了最佳效果。提取的 CNN 特征可以输入各种分类器(例如 MRF、CRF 和 SVM)中以预测类标签。Farabet 等人[29]提出了一项具有代表性的工作,他们将层次化的 CNN 特征应用到 CRF 中,用于自然场景中的类标签推理。然而,CRF 的推断完全独立于 CNN 的训练,因此 Zheng 等人[46]将 CRF 推理形式化为循环神经网络,并将其整合到统一的框架中。文献[47]中,循环 CNN 将 CNN 的输出作为同一网络的另一个实例的输入,但它只适用于序列数据。最近对 CNN 模型的扩展包括 Alexnet、VGG-19 net、GoogLenet 和 Resnet[48]。然而,这些模型通常需要足够的图像分辨率,并且可能不直接适用于路边植被分割的数据集,例如具有较低分辨率、形状和大小有较大变化的修剪路边对象数据集。

2.4　数据处理的 Matlab 代码

本节介绍几种常用的视频数据预处理、特征提取、对象分割和分类算法,并提供了 Matlab 代码来说明处理步骤。

1) 从视频数据中提取所有帧。

```matlab
%此代码将作为输入视频数据,从视频中提取所有帧
%将所有框架保存在新文件夹中

%将视频数据读取到变量"mov"中。视频的路径和名称是
%由字符串"videoFilePathName"表示。
mov＝VideoReader(videoFilePathName);

%设置输出文件夹"outFrameFold"以存储提取的帧。
frameFolder＝outFrameFold;

%如果文件夹不存在,则创建一个。
if～exist(frameFolder, 'dir')
    mkdir(frameFolder);
end

%获取视频中的总帧数。
numFrame＝mov.NumberOfFrames;

%提取并保存循环中的所有帧。
For iFrame＝1 :numFrame
    %读取第 i 帧。
    I＝read(mov, iFrame);

    %为每个帧设置索引。
    frameIndex＝sprintf('%4.4d', iFrame);

    %将名为"frame0001.jpg"的帧写入输出文件夹。
    imwrite(I, [frameFolder 'Frame' frameNewName '.jpg'], 'jpg');
```

%显示数据处理的进度。
　　progIndication＝sprintf('frame %4d of %d.'，iFrame，numFrame）；
disp(progIndication）；
end

2）将 RGB 帧转换为灰度帧
%此代码将提取的视频帧从 RGB 颜色格式转换为灰度。

%将帧数据读取到变量"I"中。帧的路径和名称由字符串"imageFilePathName"表示。
I＝imread(imageFilePathName）；

%执行帧转换。
I＝rgb2gray(I）；

%以数字形式显示转换后的帧。
imshow(I）；

3）帧大小调整。
%此代码将作为输入帧,并将帧大小调整为所需的宽度和高度。

%执行帧大小调整。
I＝imresize(I,[numrowsnumcols])；

%在图中显示调整大小的帧。
imshow(I）；

4）对帧应用中值滤波器。
%该代码将帧作为输入,并应用中值滤波器来消除帧中的干扰。

%将 RGB 转换为灰度帧。
I＝rgb2gray(I）；

%使用中值滤波器执行图像过滤。
K＝medfilt2(I）；

%在图中显示筛选的帧。

imshowpair(I,K,'montage');

5）像素级 R、G、B 特征提取。

%此代码接受输入帧，并在每个像素处提取 R、G 和 B 值。

%获取输入框的尺寸。

[numRows，numCols]＝size(I);

%扫描帧中所有行和列的像素。

for iRow＝1 :numRows

　　for iCol＝1 : numCols

%在帧的每个像素处获取 R、G 和 B 值。

　　　　pixelRValue＝I(iRow, iCol, 1);

　　　　pixelGValue＝I(iRow, iCol, 2);

　　　　pixelBValue＝I(iRow, iCol, 3);

　　end

end

6）块级高斯特征提取。

%该代码以帧作为输入，从以每个像素为中心的局部块中提取高斯特征，并将生成的特征存储在三维矩阵中。

%设置高斯滤波器的参数。

fixV＝0.7;

size＝[7 7];

sigma＝1;

%创建高斯滤波器。

fgaus＝fspecial('gaussian',size, sigma * fixV);

%获取输入框的尺寸。

[numRows，numCols]＝size(I);

%从帧中分别获取 R、G 和 B 矩阵。

R＝I(:, :, 1);

G＝I(:, :, 2);

```
B=I(:,:,3);
```

%分别对 R、G 和 B 矩阵应用高斯滤波器。产生的高斯特征存储在 3D 矩阵 "filterI"中。

```
filterI(:,:,1)=conv2(R,fgaus,'same');
filterI(:,:,2)=conv2(G,fgaus,'same');
filterI(:,:,3)=conv2(B,fgaus,'same');
```

7）块级统计特征提取。

%该代码以帧作为输入,从以每个像素为中心的局部块中提取统计特征,并将生成的特征存储在变量中。

%从输入框中分别得到 R、G 和 B 矩阵。

```
R=I(:,:,1);
G=I(:,:,2);
B=I(:,:,3);
```

%设置块的一半大小。

```
nHalfBlock=4;
```

%设置处理边框像素的参数。

```
adHeight=nHeight-nHalfBlock;
adWidth=nWidth-nHalfBlock;
adBegin=nHalfBlock+1;
```

%扫描帧的所有行和列。

```
for iRow=adBegin:adHeight
    rowBeg=iRow-nHalfBlock;
    rowEnd=iRow+nHalfBlock;
    for iCol=adBegin:adWidth
        colBeg=iCol-nHalfBlock;
        colEnd=iCol+nHalfBlock;

        %获取从中提取统计特征的块区域。
        patchR=R(rowBeg:rowEnd,colBeg:colEnd);
        %计算面片区域 R 值的平均值、标准偏差和偏度。
```

```
        meanPatchR=mean(patchR(:));
        stdPatchR=std(patchR(:));
        skewPatchR=skewness(patchR(:));
    end
end
```

8) 对象分割和分类。

%此代码演示了帧中对象的分割/分类,它接受帧作为输入,并将所有像素都分配到对象类别中。

%输入框的尺寸。
```
[numRows, numCols]=size(I);
```

%创建一个变量来存储所有像素的对象类别。
```
objCategory=zeros(numRows,numCols);
```

%扫描帧中的所有行和列。
```
for iRow=1:numRows
    for iCol=1:numCols
```
%获取每个像素的特征,即本例中的 RGB 值。
```
        pixelRGBValue=I(iRow, iCol, :);
```
　　　　　%应用一个名为"objSegAlgorithm"的函数,根据每个像素的特性获取其对象类别。
```
        objCategory(iRow,iCol)=objSegAlgorithm(pixelRGBValue);
    end
end
```

9) 训练和测试一个前馈神经网络分类器。
%这段代码解释了一个分类新的测试数据的三层前馈神经网络的创建和应用。

%创建一个包含隐藏神经元参数、激活函数和学习算法的神经网络。
```
net=newff(double(TrainX'),double(TrainY'),[15],{'tansig','tansig'},'trainrp');
```

%控制人工神经网络训练—测试过程的参数。
%生成命令行输出。
```
net.trainParam.showCommandLine=true;
```

%随机划分训练、验证和测试数据子集。

net. divideFcn='dividerand';

%训练、验证和测试数据子集的比率。

net. divideParam. trainRatio=1；

net. divideParam. valRatio=0；

net. divideParam. testRatio=0；

%性能测量。

net. performFcn='mse'；

%性能目标。

net. trainParam. goal=0.0001；

%最大训练时段数。

net. trainParam. epochs=500；

%最小性能梯度。

net. trainParam. min_grad=1e−8；

%最大验证失败数。

net. trainParam. max_fail=10；

%用训练数据训练神经网络,并将其存储在变量"net"中。

[net,tr]=train(net,double(TrainX′),double(TrainY′))；

%训练数据的预测精度。

outTrainTag=sim(net,TrainX′)；

%测试数据的预测精度。

outTestTag=sim(net,TestX′)；

参考文献

1. W. Maddern, A. Stewart, C. McManus, B. Upcroft, W. Churchill et al., Illumination invariant imaging: applications in robust vision-based localisation, mapping and classification for autonomous vehicles, in *Proceedings of the Visual Place Recognition in Changing Environments Workshop*, *IEEE International Conference on Robotics and Automation* (*ICRA*), 2014

2. D. V. Nguyen, L. Kuhnert, K. D. Kuhnert, Structure overview of vegetation detection. A novel approach for efficient vegetation detection using an active lighting system. Robot. Auton. Syst. 60, 498−508 (2012)

3. M. P. Ponti, Segmentation of low-cost remote sensing images combining vegetation indices and mean shift. IEEE Geosci. Remote Sens. Lett. 10, 67−70 (2013)

4. M. R. Blas, M. Agrawal, A. Sundaresan, K. Konolige, Fast color/texture segmentation for outdoor robots, in *IEEE/RSJ International Conference on Intelligent Robots and Systems (IROS)*, 2008, pp. 4078 – 4085

5. B. Zafarifar, P. H. N. de With, Grass field detection for TV picture quality enhancement, in *International Conference on Consumer Electronics (ICCE), Digest of Technical Papers*, 2008, pp. 1 – 2

6. I. Harbas, M. Subasic, Motion estimation aided detection of roadside vegetation, in *7th International Congress on Image and Signal Processing (CISP)*, 2014, pp. 420 – 425

7. I. Harbas, M. Subasic, Detection of roadside vegetation using features from the visible spectrum, in *37th International Convention on Information and Communication Technology, Electronics and Microelectronics (MIPRO)*, 2014, pp. 1204 – 1209

8. D. V. Nguyen, L. Kuhnert, K. D. Kuhnert, Spreading algorithm for efficient vegetation detection in cluttered outdoor environments. Robot. Auton. Syst. 60, 1498 – 1507 (2012)

9. D. V. Nguyen, L. Kuhnert, T. Jiang, S. Thamke, K. D. Kuhnert, Vegetation detection for outdoor automobile guidance, in *IEEE International Conference on Industrial Technology (ICIT)*, 2011: 358 – 364

10. A. Schepelmann, R. E. Hudson, F. L. Merat, R. D. Quinn, Visual segmentation of lawn grass for a mobile robotic lawnmower, in *IEEE/RSJ International Conference on Intelligent Robots and Systems (IROS)*, 2010, pp. 734 – 739

11. V. Balali, M. Golparvar-Fard, Segmentation and recognition of roadway assets from car-mounted camera video streams using a scalable non-parametric image parsing method. Autom. Constr. 49(Part A), 27 – 39 (2015)

12. N. W. Campbell, B. T. Thomas, T. Troscianko, Automatic segmentation and classification of outdoor images using neural networks. Int. J. Neural Syst. 8, 137 – 144 (1997)

13. D. V. Nguyen, L. Kuhnert, S. Thamke, J. Schlemper, K. D. Kuhnert, A novel approach for a double-check of passable vegetation detection in autonomous ground vehicles, in *15th International IEEE Conference on Intelligent Transportation Systems (ITSC)*, 2012, pp. 230 – 236

14. S. Chowdhury, B. Verma, D. Stockwell, A novel texture feature based multiple classifier technique for roadside vegetation classification. Exp. Syst. Appl. 42, 5047 – 5055 (2015)

15. A. Bosch, X. Munoz, J. Freixenet, Segmentation and description of natural outdoor scenes. Image Vis. Comput. 25, 727 – 740 (2007)

16. W. Guo, U. K. Rage, S. Ninomiya, Illumination invariant segmentation of

vegetation for time series wheat images based on decision tree model. Comput. Electron. Agric. 96, 58 – 66 (2013)

17. F. Ahmed, H. A. Al-Mamun, A. S. M. H. Bari, E. Hossain, P. Kwan, Classification of crops and weeds from digital images: a support vector machine approach. Crop Prot. 40, 98 – 104 (2012)

18. D.-X. Liu, T. Wu, B. Dai, Fusing ladar and color image for detection grass off-road scenario, in *IEEE International Conference on Vehicular Electronics and Safety* (*ICVES*), 2007, pp. 1 – 4

19. L. Zhang, B. Verma, D. Stockwell, Spatial contextual superpixel model for natural roadside vegetation classification. Pattern Recogn. 60, 444 – 457 (2016)

20. D. M. Bradley, R. Unnikrishnan, J. Bagnell, Vegetation detection for driving in complex environments, in *IEEE International Conference on Robotics and Automation*, 2007, pp. 503 – 508

21. K. M. Wurm, R. Kummerle, C. Stachniss, W. Burgard, Improving robot navigation in structured outdoor environments by identifying vegetation from laser data, in *IEEE/RSJ International Conference on Intelligent Robots and Systems* (*IROS*), 2009, pp. 1217 – 1222

22. K. M. Wurm, H. Kretzschmar, R. Kümmerle, C. Stachniss, W. Burgard, Identifying vegetation from laser data in structured outdoor environments. Robot. Auton. Syst. 62, 675 – 684 (2014)

23. Y. Kang, K. Yamaguchi, T. Naito, Y. Ninomiya, Multiband image segmentation and object recognition for understanding road scenes. IEEE Trans. Intell. Transp. Syst. 12, 1423 – 1433 (2011)

24. L. Lu, C. Ordonez, E. G. Collins Jr. , E. M. DuPont, Terrain surface classification for autonomous ground vehicles using a 2D laser stripe-based structured light sensor, in *IEEE/RSJ International Conference on Intelligent Robots and Systems* (*IROS*), 2009, pp. 2174 – 2181

25. D.-V. Nguyen, L. Kuhnert, T. Jiang, S. Thamke, K.-D. Kuhnert, Vegetation detection for outdoor automobile guidance, in *IEEE International Conference on Industrial Technology* (*ICIT*), 2011, pp. 358 – 364

26. P. Felzenszwalb, D. Huttenlocher, Efficient graph-based image segmentation. Int. J. Comput. Vis. 59, 167 – 181 (2004)

27. J. Shotton, J. Winn, C. Rother, A. Criminisi, Textonboost for image understanding: multi-class object recognition and segmentation by jointly modeling texture, layout, and context. Int. J. Comput. Vis. 81, 2 – 23 (2009)

28. S. Gould, R. Fulton, D. Koller, Decomposing a scene into geometric and

semantically consistent regions, in *IEEE 12th International Conference on Computer Vision* (*ICCV*), 2009, pp. 1 – 8

29. C. Farabet, C. Couprie, L. Najman, Y. LeCun, Learning hierarchical features for scene labeling. IEEE Trans. Pattern Anal. Mach. Intell. 35, 1915 – 1929 (2013)

30. A. Sharma, O. Tuzel, D. W. Jacobs, Deep hierarchical parsing for semantic segmentation, in *IEEE Conference on Computer Vision and Pattern Recognition* (*CVPR*), 2015, pp. 530 – 538

31. B. Fulkerson, A. Vedaldi, S. Soatto, Class segmentation and object localization with superpixel neighborhoods, in *IEEE 12th International Conference on Computer Vision* (*ICCV*), 2009, pp. 670 – 677

32. S. Gould, J. Rodgers, D. Cohen, G. Elidan, D. Koller, Multi-class segmentation with relative location prior. Int. J. Comput. Vis. 80, 300 – 316 (2008)

33. J. Tighe, S. Lazebnik, Superparsing: scalable nonparametric image parsing with superpixels, in *European Conference on Computer Vision* (*ECCV*), 2010, pp. 352 – 365

34. D. Munoz, J. A. Bagnell, M. Hebert, Stacked hierarchical labeling, in *European Conference on Computer Vision* (*ECCV*), 2010, pp. 57 – 70

35. R. Socher, C. C. Lin, C. Manning, A. Y. Ng, Parsing natural scenes and natural language with recursive neural networks, in *Proceedings of the 28th International Conference on Machine Learning* (*ICML*), 2011, pp. 129 – 136

36. B. Micusik, J. Kosecka, Semantic segmentation of street scenes by superpixel co-occurrence and 3D geometry, in *IEEE 12th International Conference on Computer Vision Workshops* (*ICCV Workshops*), 2009, pp. 625 – 632

37. L. Zhang, B. Verma, D. Stockwell, S. Chowdhury, Spatially constrained location prior for scene parsing, in *International Joint Conference on Neural Networks* (*IJCNN*), 2016, pp. 1480 – 1486

38. Y. Jimei, B. Price, S. Cohen, Y. Ming-Hsuan, Context driven scene parsing with attention to rare classes, in *IEEE Conference on Computer Vision and Pattern Recognition* (*CVPR*), 2014, pp. 3294 – 3301

39. A. Singhal, L. Jiebo, Z. Weiyu, Probabilistic spatial context models for scene content understanding, in *IEEE Conference on Computer Vision and Pattern Recognition*, (*CVPR*), 2003, pp. 235 – 241

40. D. Batra, R. Sukthankar, C. Tsuhan, Learning class-specific affinities for image labelling, in *IEEE Conference on Computer Vision and Pattern Recognition* (*CVPR*), 2008, pp. 1 – 8

41. Z. Lei, J. Qiang, Image segmentation with a unified graphical model. IEEE Trans. Pattern Anal. Mach. Intell. 32, 1406 – 1425 (2010)

42. R. Xiaofeng, B. Liefeng, D. Fox, RGB-(D) scene labeling: features and algorithms, in *IEEE Conference on Computer Vision and Pattern Recognition (CVPR)*, 2012, pp. 2759 - 2766

43. V. Lempitsky, A. Vedaldi, A. Zisserman, Pylon model for semantic segmentation, in *Advances in Neural Information Processing Systems*, 2011, pp. 1485 - 1493

44. F. Tung, J. J. Little, Scene parsing by nonparametric label transfer of content-adaptive windows. Comput. Vis. Image Underst. 143, 191 - 200 (2016)

45. L. Zheng, Y. Zhao, S. Wang, J. Wang, Q. Tian, Good practice in CNN feature transfer. *arXiv preprint* arXiv:1604.00133 (2016)

46. S. Zheng, S. Jayasumana, B. Romera-Paredes, V. Vineet, Z. Su et al., Conditional random fields as recurrent neural networks. *arXiv preprint* arXiv:1502.03240 (2015)

47. P. H. Pinheiro, R. Collobert, Recurrent convolutional neural networks for scene parsing. *arXiv preprint* arXiv:1306.2795 (2013)

48. K. He, X. Zhang, S. Ren, J. Sun, Deep residual learning for image recognition. *arXiv preprint* arXiv:1512.03385 (2015)

第三章 路边视频数据分析
——非深度学习技术

在本章中,我们将介绍用于路边视频数据分析的传统非深度学习的方法。对每种学习方法进行针对性的介绍,主要集中于相关的前期工作、各种方法的技术细节、实验设计和性能分析。在每一节的结尾,我们还对相应的学习方法进行了总结。

3.1 神经网络学习

3.1.1 简介

神经网络是在各种现实应用中,特别是计算机视觉和图像分类任务中,最广泛使用的机器学习模型之一。神经网络的出现可以追溯到 20 世纪 40 年代[1],其设计模仿了生物大脑解决问题的方式。典型的神经网络结构通常由多层组成,包括输入层、输出层和一个或多个中间隐藏层,相邻层的神经元之间存在连接。通过反向传播之类的算法从训练数据集中学习出这些连接的最优权重,从而形成了神经网络的预测能力,所学的权重本质上代表了特定类型输入数据的表示模式。对于任何给定的新测试数据,学习出的神经网络都可看作黑匣子,以连续值(如类别的概率)或离散对象类别的形式生成测试数据的预测输出。有关神经网络的详细理论及其与深度学习的关系,读者可以参考相关文献[2]。

在本节中,我们描述了一种用于路边数据分析的神经网络学习方法[3]并演示了它在裁切路边对象数据集和一小组自然的路边图像上的对象分类性能。我们还将神经网络学习方法与常用的 SVM 及最近邻分类器进行了比较。

3.1.2 神经网络学习方法

图 3.1 描述了一种用于路边视频数据分析的神经网络学习方法,该方法融合了色彩和纹理信息[3]。对于 RGB 空间中的输入图像,首先将其转换到对应

的 O_1，O_2，O_3 色彩空间，以增强对环境影响的鲁棒性。为了表示颜色信息，在每个像素处提取 O_1，O_2，O_3 三个色彩通道，并从以像素为中心的相邻块中提取每个色彩通道的前三个色彩矩，以表示纹理特征。然后对提取的色彩和纹理特征进行特征级融合，并将其输入多类人工神经网络分类器中，用以对六种路边物体进行分类，这些路边物体包括棕草、绿草、树叶、树干、道路和土壤。

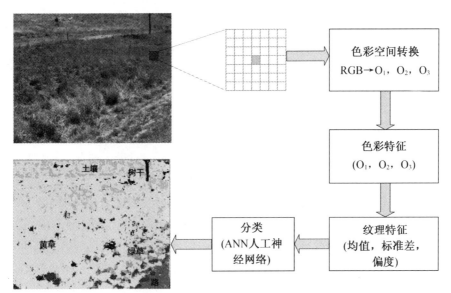

图 3.1 神经网络学习方法图解。对于图像中的每个像素，提取 O_1，O_2，O_3 色彩强度特征。在以像素为中心的局部块中提取色彩矩纹理特征。对色彩和纹理特征进行特征级融合，并输入人工神经网络来对六个对象类别进行分类。

3.1.2.1 特征提取

（1）色彩特征。色彩是物体分割最重要的特征之一。对于路边数据，大多数类型的树叶和青草呈现为绿色，而土壤通常呈现为黄色。现有的研究已经使用了许多色彩空间，如 HIS、HSV、RGB 和 YUV，但仍有一种色彩空间被验证在不同的环境下具有比其他色彩空间更好的性能。使用色彩特征的主要问题是，它们往往容易因为光线影响而发生变化，因此选择对环境影响具有高鲁棒性的合适色彩空间是一个关键的预处理步骤。此处，我们使用了被证明对光线变化具有高度的鲁棒性的对立色彩空间（Opponent Color Space）[4]。对立色彩空间也已成功地应用于室外环境中的植被检测[5]。根据 RGB 色彩空间，可以使用以下方法获得对立色彩通道：

$$\begin{bmatrix} O_1 \\ O_2 \\ O_3 \end{bmatrix} = \begin{bmatrix} \dfrac{R-G}{\sqrt{2}} \\ \dfrac{R+G-2B}{\sqrt{6}} \\ \dfrac{R+G+B}{\sqrt{3}} \end{bmatrix} \tag{3.1}$$

在对立空间中,O_1 和 O_2 代表色彩信息,而 O_3 代表强度信息。在 O_1 和 O_2 中使用减法的优点是在所有通道中消除了光效应,因此它们在不同的光强度下保持不变[6]。但是,由于 O_3 只反映对象的强度,它不具有这种不变性。因此,图像中坐标(x,y)处像素的颜色特征向量由以下部分组成:

$$V_{x,y}^c = [O_1, O_2, O_3] \tag{3.2}$$

(2) 纹理特征。路边物体不仅具有色彩信息的特征,还具有纹理特征。纹理特征在表示对象的视觉外观和结构方面更为有力。对于诸如青草和树叶等在颜色上具有高度相似性的物体,融合纹理特征就显得至关重要。有大量的用来描述纹理特征的方法,如伽博滤波器、SIFT 特征和纹理滤波器。然而,为可靠地表示每个对象类别,这些描述方法通常需要在足够大的区域中计算统计特征(如直方图),在自然条件下,主要因为拍摄图像的分辨率较低或所用技术的特性所限,这一要求不可能总是得到满足。因此,神经网络学习方法利用色彩矩来表示纹理信息。

色彩矩[7]是图像或区域中的色彩分布特征。色彩的空间结构包含着可表示物体外观的重要信息。色彩矩的一个优点是,它们可以编码对象的形状和颜色信息,并且对缩放、旋转和平移保持不变。它们在不同的视角和不稳定的光线下表现出良好的目标分割性能。由于色彩的空间结构主要分布在低阶矩中,因此我们在对立色彩空间中使用前三个颜色矩。对于(x,y)处的像素,将 P 定义为围绕 $N \times N$ 像素大小的一个块,第 i 个颜色通道 O_i 的平均值、标准差和偏斜度使用如下公式计算:

$$M_{x,y}^i = \sum_{j \in p} \frac{1}{N^2} O_i^j \tag{3.3}$$

$$SD_{x,y}^i = \sqrt{\frac{1}{N^2} \sum_{j \in p} (O_i^j - M_{x,y}^i)} \tag{3.4}$$

$$SK_{x,y}^i = \sqrt[3]{\frac{1}{N^2} \sum_{j \in p} (O_i^j - M_{x,y}^i)^3} \tag{3.5}$$

其中,O_i^j是以 P 中第 j 个像素的 O_i 值,以上三个特征是针对颜色通道三个色彩通道中的每一个像素进行计算的,得出 9 元素纹理特征向量:

$$V_{x,y}^t = \left[M_{x,y}^1, SD_{x,y}^1, SK_{x,y}^1, M_{x,y}^2, SD_{x,y}^2, SK_{x,y}^2, M_{x,y}^3, SD_{x,y}^3, SK_{x,y}^3 \right] \quad (3.6)$$

因此,结合色彩和纹理特征,可得到(x,y)处像素的 12 元素特征向量:

$$V_{x,y} = \left[V_{x,y}^c, V_{x,y}^t \right] \quad (3.7)$$

3.1.2.2 对象分类

当表示植被等路边对象的色彩和纹理特征被提取出来之后,分类步骤中会构建从输入图像中每个像素的特征到在所有类中具有最大概率的类标签的映射。该任务是利用被广泛使用的人工神经网络完成的,它接受图像中(x,y)处每个像素的特征向量$V_{x,y}$作为输入,并为每个类输出一个概率值:

$$P_{x,y}^i = tran(W_i V_{x,y} + b_i) \quad (3.8)$$

其中,$tran$ 代表三层人工神经网络的预测函数,该神经网络在隐藏层中具有 tan-sigmoid 激活函数,W_i 和 b_i 是第 i 个对象类的训练权重和常量参数。像素被分配给所有类中概率最高的类标签:

$$C_{x,y} = \max_{i \in C} P_{x,y}^i \quad (3.9)$$

其中,C 代表所有对象类,$C_{x,y}$ 表示图像中坐标(x,y)处像素的类标签。

3.1.3 实验结果

3.1.3.1 评估数据集和衡量标准

对神经网络的性能是在裁切过的路边对象数据集和少量自然路边图像集合上进行评价的。对于裁切过的路边对象数据集,我们纳入了六种类型的对象(每个对象 100 个区域),包括棕色草、绿色草、树叶、树干、道路和土壤。共有 600 个裁剪区域。整个数据分为两个子集(每个对象 50 个区域),用于实验中的两次交叉验证。有 10 幅路边自然图像是从左视图的 DTMR 视频数据中随机选取的。请注意,这些图像中不存在任何像素级的地面真值标注数据。

使用两种性能测量指标:对于所有的测试图像和类别,以像素为单位测量的逐像素全局精度;在分类结果和地面真值数据上进行逐像素对比产生的每个类别的平均分类精度。全局精度偏向于频繁出现的对象类,而对低频类的关注较少。相比之下,平均分类精度忽略了每个类的发生频率,并对所有类的分类结果同等对待。因此,它们能够衡量结果的不同的特性。神经网络三层中的神经元数量设置为 $12-N-6$,其中 N 是经实验结果调整的隐藏神经元的数量。采用灵活的反向传播算法对神经网络进行训练。

3.1.3.2 裁切路边对象数据集上的分类结果

神经网络分类器的一个关键参数是使用的隐藏神经元的数量。为了找到最佳数量的隐藏神经元,图 3.2 显示了训练和测试数据中隐藏神经元数量与全局精度的关系,从中我们可以看到,更多的隐藏神经元能够提高训练数据的精度,使用 24 个隐藏神经元时测试数据的精度在 77% 左右波动,最高的精度为 79%。研究结果表明,设计一种结构合适、具有训练参数的人工神经网络具有重要意义,它可以避免在训练数据上造成过拟合,并保证测试结果的稳定性。因此,神经网络学习方法中使用了 24 个隐藏神经元。

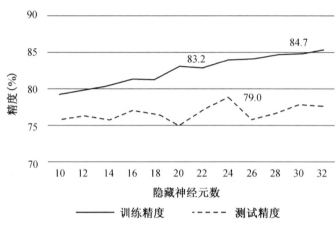

图 3.2　神经网络分类器的全局精度 VS 隐藏神经元数目

　　表 3.1 给出了有 24 个隐藏神经元的前馈神经网络。对于测试和训练数据集上的分类精度,从使用的分类算法可以看出,在六个类别的绝大多数中,训练和测试数据上的精度存在很大差异。对于测试数据,树叶是最容易正确分类的一类,而棕草是最难分类的;相比之下,对于训练数据,道路和树干分别是最容易和最难的分类对象。测试数据一般更注重算法的泛化能力和稳定性。值得注意的是,棕草和土壤是最容易被混淆的两类,这很可能因为它们都有黄色,因此可能需要添加更具区别性的特征,以便进一步提高这些对象的分类准确性。同时我们还注意到,很大一部分树干像素被错误地归类为道路,可能是因为它们都是黑色的,纹理相似。

　　表 3.2 比较了人工神经网络分类器与常用的 SVM 和最近邻分类器的性能,以及人工神经网络分类器、SVM 和最近邻的方法(使用多数投票策略)。SVM 算法使用 Libsvm[8]实现,并比较了 RBF 和 linear 两种常用的核函数。对于最近邻分类器,此处使用了欧氏距离用于计算特征向量之间的相异性(距离)。为了使对比更为公平,所有的分类器都使用相同的颜色和纹理特征集。可以看出,人工神经网络在测试数据上的表现最好,其次使用线性核的是 SVM,而

最近邻则排在最后。集成算法比线性 SVM 和最近邻分类法有更高的精度,但仍然比人工神经网络的精度低。有趣的是,在结果中,使用 RBF 核函数的 SVM 的结果显现出了典型的过度拟合问题,因为它在训练数据上达到了99.7%的精度,但测试数据的精度最低,为44%。然而,对于线性 SVM 并不如此,这意味着在测试数据上为 SVM 分类器选择合适的内核是非常重要的。结果表明,人工神经网络分类器和 SVM 分类器的性能在很大程度上取决于它们的参数设置。

表 3.1　测试和训练数据的分类精度(%)

数据	棕草	绿草	路	土	树叶	树干
测试	65.9	88.3	84.4	68.4	94	68.9
训练	87.5	88	92.8	78.4	84.5	72.5

表 3.2　分类器之间的性能比较(%)

分类器	训练精度	测试精度
ANN	84	79
SVM (RBF)	99.7	44
SVM (linear)	77.7	75.5
最近邻(NN)	100	68.6
多数投票法(线性 SVM, ANN, NN)	87.2	76.1

与单独使用色彩特征相比,使用色彩强度和矩融合特征是否提高了分类性能呢? 为了回答这个问题,我们比较了融合特征和色彩特征的性能,使用的分类器均为有 24 个隐藏神经元的人工神经网络分类器,如表 3.3 所示。请注意,色彩特征由三个通道 O_1,O_2,和 O_3 组成。从表中可以看出,融合后的特征似乎包含了更多有用和有区别性的对象信息,与单独使用色彩特征相比,融合后的特征在训练和测试数据上的准确性分别提高了 11% 和 6% 以上。结果证实了在无约束的真实数据中,采用色彩和纹理信息确实有益于提升植被分类的结果。

表 3.3　色彩 VS 融合色彩和纹理特征的性能比较,基于神经网络分类器的结果(%)

特征	训练精度	测试精度
融合色彩和纹理	84	79
色彩	72.8	72.6

3.1.3.3　自然图像分类结果

从左视图 DTMR 视频数据中选择的一小组随机路边图像集上,我们对人工神经网络方法进行了定性评价。因为这些图像中没有对象类别的像素级地面真值标注,我们通过肉眼检查分类结果的正确性来分析该方法的效果。

图 3.3 显示了六幅路边图像及其相应的分类结果。可以看出,利用神经网络方法可以成功地检测出树木、草地和土壤的主要部分,这表明,在实际应用中,这种方法具有将植被与其他物体分割开来的潜力。然而,也存在一些分类误差,这是现实环境下植被分类问题所面临的典型困难。例如,在一些图像中,树木的阴影被错误地分类为树干,主要是因为它们具有相似的黑色;在一些图像中,有一小部分青草被错误地归类为树叶,因为它们具有相同的绿色。结果表明,色彩信息可能不足以区分所有类型的自然植被,尤其当对象的纹理非常相似时。因此,利用更多的识别特征来区分树木和青草以及待处理物体的阴影,是有待进一步探索的研究方向。由于在纹理提取中使用了块,这些图像中对象之间的边界像素也容易被错误地分类为道路。因此,研究更好的解决方案来处理对象之间边界上的像素是该领域未来的另一个方向。

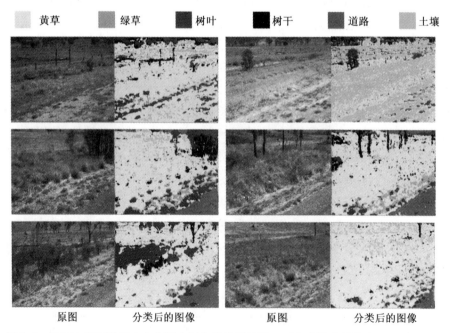

图 3.3　DTMR 视频数据中六幅样本图像的分类结果。对象边界中的像素容易被错误分类,这是基于块的特征提取技术的一个常见问题。

3.1.4 总结

本节描述了一种从自然路边图像中分割物体的神经网络学习方法、色彩强度和矩特征,融合并使用人工神经网络分类器获得更为精确的多分类精度。实验表明,在具挑战性的裁切过的路边对象数据集上,对六类对象的分类精度为79%,通过对一组自然图像的肉眼检查,得到的结果也相当不错。结果表明,色彩和纹理特征的融合比单独使用色彩或纹理特征具有更好的性能。仍然有必要研究更具识别性的特征,以克服自然条件下的识别困难,如物体的阴影,具有相似颜色的对象(如青草和树叶),以及在对象之间边界的像素处提取纹理特征。

3.2 支持向量机学习

3.2.1 简介

支持向量机(SVM)以其处理复杂非线性问题的能力而闻名,是计算机视觉任务中最常用的学习算法之一。支持向量机的基本概念是在多维空间中构造一个超平面(或一组超平面),该平面与任意类中的训练样本点距离都最大。训练SVM分类器需要最大化这个距离,也叫作分类器的边界(margin),并且生成的超平面完全由数据样本的子集(即支持向量)指定。通常,非线性特征样本通过核函数投影到高维特征空间以便非线性分类任务转换为在高维空间中更容易解决的线性分类问题。核函数只简单计算数据对之间的内积,而不直接对高维特征空间中的数据坐标进行变换,并且它们比坐标的显式计算需要更少的计算时间。因此,在使用支持向量机分类器时,应选择合适的核函数,最常用的核函数包括线性、多项式、RBF 和 Sigmoid 核函数。有关 SVM 的更多详细信息,请参阅资料[9,10]。

在本节中,我们提出了一种 SVM 学习方法[11],该方法具有一组像素特征,用以从路边视频数据中分割草地、土壤、道路和树木区域,主要目的之一是自动识别路边特定类型植被的各个部分。

3.2.2 SVM 学习方法

SVM 学习方法[11]为对象表示提供了一个像素特征集,并包含一个 SVM 分类器,用以将每个像素分配给四个对象类别中的一个,包括草、土、路和树。图

3.4 描述了包含五个主要处理步骤的方法框架,包括为实验准备数据的数据采集,利用一组像素特征来表示路边物体的特征提取,根据训练数据生成支持向量机模型的分类器训练,将每个测试像素标记为一个类别的基于像素的分类,以及消除输出图像中噪声干扰或误分类错误的后处理。

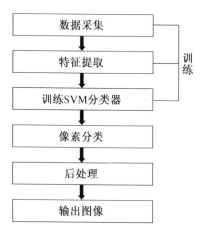

图 3.4　SVM 学习方法概述

　　支持向量机学习方法和地形分类方法[12]相似,该方法使用一个基于高斯混合模型的最大似然分类器,用以区分沙地、草地和树叶。和文献[12]不同,SVM 学习方法主要利用 RGB 色彩空间中的像素值来区分不同的对象类别。图3.5 显示了不同路边区域中像素值的变化,以及一个带有目标区域标签的图像示例。

图 3.5　(左)草区域的像素值;(中)土壤区域的像素值;
(右)带有目标区域标签的输入图像

3.2.2.1　色彩特征提取

　　在各种可用的给定颜色空间中,提取色彩特征的第一步是选择合适的空间。为此,我们对不同类型的色彩空间进行了对比测试。针对每个空间,利用提取的特征向量对使用 RBF 核函数的支持向量机分类器进行训练,进而用来对测试图像的像素进行分类。我们首先不考虑 YUV 空间,因为它主要用于电视图像的增强。我们从灰度图像开始,但未能提取出有区分能力的色彩信息。然后我们尝试了 CIELab 空间,得到一些有用的特征,但仍未得到很好的结果。之后对 YCBCR 空间得到的结果进行评价,该空间取得了较好的植被和土壤分类效果。然而,在不同的环境条件下,结果变化很大,大部分非植被区被误认为是植被。然后我们使用了 RGB 空间,获得了最佳性能,因此最终决定基于 R、G 和 B 色彩通道生成色彩特征。

表 3.4 列出了 SVM 学习方法中使用的像素特性的特征集合。特征集包含了如下特征:(R,G),(R,B)和(G,B)像素值之间的绝对差值;R、G 和 B 通道的平均值;R、G 和 B 通道的和;(R,G),(R,B)和(G,B)像素值之间绝对差的总和。使用像素值之间的绝对差值的原因在于,它们需要较少的计算时间,并且像素值之间的差异遵循相似的比例分布,代表相同类型的区域。特征集为支持向量机学习方法做出了重要贡献,因为提取合适的色彩特征集仍然是一个挑战。特征集被送入 SVM 分类器。

3.2.2.2　训练支持向量机分类器

支持向量机分类器被用来对路边的草、路、土、树等物体进行分类和识别,训练 SVM 分类器的一个关键步骤是从不同的目标区域中选择一组合适的训练数据。仅使用绿色植被进行训练会使得学习出的 SVM 分类器适合于识别绿色植被,但不适用于黄色、红色或棕色植被。训练数据包括 100 张 1 632×1 248 像素的图像,这些图像是从 DTMR 视频数据中选择的,代表了所有的四种对象。

图 3.6 给出了从训练集中获取像素值的策略,其中包含来自示例 ROI 的色彩特征的详细信息。对于 5×5 像素的 ROI,我们线性地得到 25 个像素值。对于每个像素,我们定义一个特征集,如图 3.6c 所示。每个特征集属于四个类中的一个。最后的训练集如图 3.6d 所示,其中类在第一列中定义,每个类由多个特征集组成。

表 3.4　像素特征列表

编号	特征
1～7	$\lvert R-G\rvert$,$\lvert R-B\rvert$,$\lvert G-B\rvert$,$(R+G+B)/3$,$2*G-R-B$, $\lvert R-G\rvert+\lvert R-B\rvert+\lvert G-B\rvert$,$R+G+B$

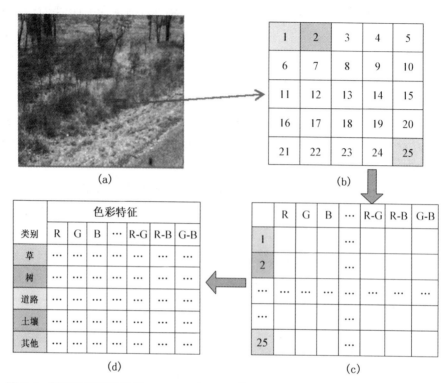

图 3.6　训练数据采集说明。a: ROI 为 5×5 的原始图像; b: ROI 中的像素编号; c: 从
ROI 中收集的训练数据; d: 最终训练数据

表 3.5　每个对象的平均像素值

平均统计	|R−G|	|R−B|	|G−B|	(R+G+B)/3
棕土	22	71	48	85
白土	5	20	27	85
绿草	20	17	30	85
棕草	13	40	27	85
路	3	21	23	85
树	9	6	10	65

表 3.5 显示了每个类的平均像素值。从每个类中的图像数据中随机取像素值。可以看出,不同类别中前三个统计数据的平均值是不同的,尽管 R、G 和 B 的最后一个参数平均值在除树之外的所有类中都相同。结果表明,这些参数的组合有助于对目标进行分类,确定提取的像素特征集的有效性。

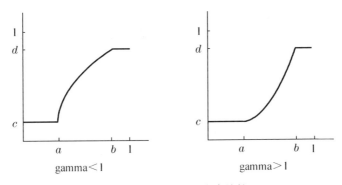

图 3.7　输出图像中的像素值校正

3.2.2.3　后处理

在测试图像的分类结果中，每个像素用不同的颜色标记，以表示不同的类别。为了将像素值与每个类相关联，使用公式(3.10)调整一些像素。图 3.7 以图形方式显示了像素值的调整。

$$y=\left(\frac{x-a}{b-a}\right)^{\gamma}(d-c)+c \tag{3.10}$$

从图像中可以看出，一些植被像素通常位于非植被区域内，而非植被像素则位于植被区域内。因此，应清除那些识别错误的区域。在图像的上部经常出现天空或树木区域，很少发现土壤区域，基于这种知识，使用一种解决移动区域被错误分类的方案。通过去除那些错误标记的像素，我们就得到了植被和土壤的区域。

3.2.3　实验结果

为了评价支持向量机学习方法的性能，本文对不同的路边位置采集的不同类型的路边图像进行了实验研究。图 3.8 展示了一些输入图像。考虑所有环境因素影响，本书还将该方法的性能与其他现有方法进行了比较。

图 3.8　用于实验评价的图像样本

3.2.3.1　定性结果

图 3.9 显示了从图像中分别提取草地、土壤和树木的区域结果。黄色表示草地区,青色表示土壤区,黑色表示树木区。总体而言,大部分的草、树和土壤区域能准确地从图像中提取。结果表明,支持向量机学习方法能够从路边图像中分割出不同类型物体的大部分像素点,表明像素特征集与 SVM 分类器的结合运行良好。然而,在输出图像中也存在一些错误的分割。在图 3.9a 中,一部分道路像素被错误地分类为草地,一些草地阴影区域被错误地分类为道路。土壤像素也会出现类似的错误分类,因为有些土壤区域无法准确识别,而有些草地像素被错误分类为土壤像素。对于小的树木区域,由于分辨率低,它们没有被正确分割。

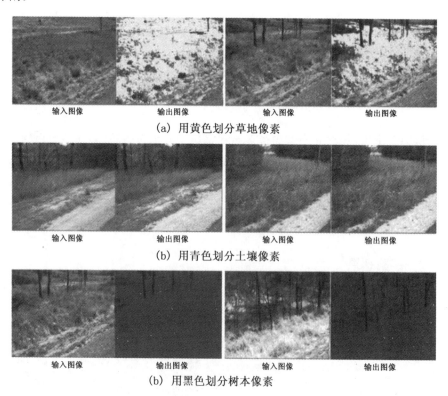

输入图像　　　　　　输出图像　　　　　　输入图像　　　　　　输出图像
(a) 用黄色划分草地像素

输入图像　　　　　　输出图像　　　　　　输入图像　　　　　　输出图像
(b) 用青色划分土壤像素

输入图像　　　　　　输出图像　　　　　　输入图像　　　　　　输出图像
(b) 用黑色划分树本像素

图 3.9　样本图像中的对象分割结果

3.2.3.2　定量结果

我们使用三个指标来定量分析 SVM 学习方法的性能:(1) 混淆矩阵,这是在测试数据上描述和分析分类模型性能的有效方法。(2) 像素级全局分类精度,计算方法是正确分类的样本数除以所有测试样本的总数。(3)精度,使用真阳性的数量除以真阳性和假阳性的总和。

表3.6展示了四种对象的混淆矩阵。这些值表示像素数除以系数1 000。在86 000个像素中,73 000个像素被正确分类为树,而对于总共119 000个像素中的草,被正确识别的像素是90 000个。40 000和30 000个像素分别被正确地分类为土壤和道路。我们注意到,与测试图像中的其他对象相比,道路像素的数量相对较少。

像素的整体精度达到77%。虽然分类精度相对较低,但这仍然是可以接受的,因为问题的核心是整个区域的分割,而不是像素。这个精度是基于像素计算的,许多错误分类的像素被正确分类的像素包围,而那些孤立的像素可以通过应用后处理步骤进行校正。

表3.7显示了根据样本测试图像中草的百分比来识别草地区域的结果,显示出较高的分类精度。为了判断目标区域的分类是否正确,我们设定了一个阈值,用以区分植被区域。具体来说,如果地面真值标注区域与实际分类区域之间的差异小于或等于10%,则认为该区域分类正确。利用这一标准,大多数区域都得到了正确识别,我们可以用这个方法来判断一个区域草的密度是稀疏、中等还是浓密。

表3.6　四种对象的混淆矩阵

		预测			
		树	草	土	路
实际情况	树	73	10	20	1
	草	8	90	15	6
	土	3	9	40	7
	路	0	2	5	30

表3.7　草区域的分类,指标为草像素的百分比(%)

图片	预测	实际	差距	阈值	决策
1	52	60	8	10	Classified
2	48	55	8	10	Classified
3	41	50	9	10	Classified
4	66	75	9	10	Classified
5	67	75	8	10	Classified

图片	预测	实际	差距	阈值	决策
6	56	65	9	10	Classified
7	78	85	7	10	Classified
8	31	40	7	10	Classified
9	70	80	10	10	Classified
10	62	70	8	10	Classified

3.2.4　总结

在本节中,我们提出了一种支持向量机学习方法,用以从路边图像分割草地、树木、道路和土壤区域。本文基于像素色彩特征提取了一组新的色彩特征。该方法是在一组真实的路边图像上进行评估的。实验结果表明,该方法能够区分四种区域,整体像素级分类精度为77%,能够可靠地检测出图像中草的百分比。根据图像中目标分布的先验知识,对分离出的误分类像素进行校正,可以显著提高图像的精度。未来,该方法仍然可以通过引入更多像素特征来进一步改进。

3.3　聚类学习

3.3.1　简介

聚类学习是分类问题中常用的无监督学习算法。它生成一组聚类中心,也称为基元[13],以表示不同对象的特征。它的概念类似于词袋表示模型,根据对训练数据中的过滤响应特征进行基于距离的聚类,构造出单个类或所有类的视觉词汇表。聚类算法通常是简单但有效的K-均值聚类法,在测试中,每个像素被分配给最近的相邻基元,所形成的基元频次直方图作为图像表示。

许多聚类学习方法已经被用于对象分割和分类,对于室外场景分析,[14]利用K-均值聚类构造基元,从色彩和纹理特征中提取包括L、a、b色彩波段的色彩纹理特征,以及像素与其周围像素之间的L差。在一个大的邻域中建立了一种基于基元的直方图,基于陆地移动距离(Earth Movers Distance)合并相似的聚类,实现对象切分。文献[15]通过将图像与17-D滤波器组进行卷积,建立了纹理基元的通用视觉词汇表,同时使用 K -均值聚类对所有训练图像的滤波器响应进行聚合。基元扩展方法包括基元放大(textonboost)[16],它使用 17 维的基元滤波器组和色彩特征,通过对弱分类器迭代地构建一个强分类器;语义基元森林[17],将层次语义基元的直方图与区域的先验类别分布相结合,以构建高区分度的描述符。

大多数现有的聚类学习方法都是在训练数据中为所有类构建通用的基元,然后将特征映射到最近的基元中,形成图像的直方图表示。但是,通用的基元可能无法有效地捕获每个类的特性,并对具有相似特性的类之间进行混淆区分,由于稀疏箱问题,小图像的直方图表示可能会失败。基元特征以前很少用于植被分割和分类。

本节介绍了一种聚类学习方法[18],该方法利用基于超像素的类别-语义基元实例进行自然路边对象分割。可参见类似的相关工作文献[19],它为每个对象构建了一组语义 SIFT 词,然后将所有的词整合到图像上,以便于理解场景。该文在局部图像块提取的 SIFT 特征上进行 K -均值聚类,得到了视觉词。将测试图像中的 SIFT 特征映射到语义视觉词上,每张图像都对应一些视觉词,而这些视觉词又对应于分类,通过对这些分类信息进行计量和多数投票,可以实现图像的对象分类。但是这种方法没有考虑色彩基元,并且假定每个裁切的测试图像只属于一个对象。评测也仅限于几张手动裁切的图像。这些问题在聚类学习方法中得到了解决。

3.3.2 聚类学习法

3.3.2.1 方法架构

图 3.10 描述了聚类学习方法的框架,该框架包括训练阶段和测试阶段。在训练阶段,将从每一类的训练数据中手动裁剪一组相等局部区域。色彩和滤波器组响应是从这些区域中提取出来的,并进一步输入 K -均值聚类算法,为每个类创建两组单独的类别-语义色彩和纹理基元。所有类的每一组色彩或纹理基元被组合成两个类别-语义基元矩阵,一个用于色彩,另一个用于纹理。在测试阶段,首先将输入图像分割成一组异构的超像素,然后从每个超像素中分别提取出所有像素的色彩和滤波器组特征,并基于欧几里得空间距离投影到所学出的色彩或纹理基元中。之后,可以获得每个类基于超像素的色彩和纹理基元,并使用线性混合方法进一步组合。最后,对象分割是通过将每个超像素中的所有像素分配给类标签来实现的,类标签在所有类包括棕草、绿草、土壤、道路、树叶、树干和天空中具有最大的组合出现概率。

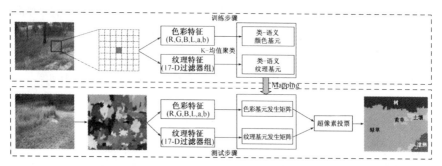

图 3.10　聚类学习方法的框架。在训练过程中,裁剪一组区域,使用 **K**-均值聚类生成类别-语义色彩和纹理基元。在测试过程中,每个超像素中所有像素的特征被映射到一个学习到的基元中,并进一步聚合为基元出现次数。对每个超像素中出现的基元进行多数投票法,用于在路边图像中分割对象。

3.3.2.2　超像素采集

　　聚类学习方法的第一个预处理步骤是将输入测试图像分割成一组外观相似的局部超像素,而每一个局部超像素只属于一类,该方法以超像素为基本处理单元,因为它们在简化分类问题和在每个超像素内的像素池上使用集体决策方面具有突出的特点。因此,基于超像素的分类有望显著降低聚类学习方法中分类过程的复杂性。在许多流行的区域分割算法中,例如平均偏移[20]、JSEG[21]和超像素[22]中,基于图形算法的处理速度快且在自然环境下分析结果优异,所以我们采用该算法。

3.3.2.3　色彩和纹理特征提取

　　特征提取的目的是提取一组具有区别性的视觉特征,以区分不同对象类别的外观。聚类学习方法中基元的生成是基于两种类型的特性:色彩和纹理,它们可以相互补充,以更有效地表示路边物体的特征。

　　色彩:选择合适的色彩空间的一个标准是,色彩空间应在知觉上与人类的视觉一致,因为人眼即使在具有极端挑战性的环境条件下也非常擅长区分不同的物体。聚类学习方法采用了 CIELab 空间,与人类视觉色彩感知具一致性,在场景内容理解上表现出良好的泛化性能[17],同时,还采用了 RGB 空间,因为它可能包含对识别特定对象至关重要的补充信息。图像中坐标(x,y)处像素的色彩特征向量由以下部分组成:

$$V_{x,y}^c = [R,G,B,L,a,b] \tag{3.11}$$

　　纹理:有多种滤波器被建议用来生成用于对象分割的基元,如 Leung 和 Malik 有 48 个滤波器,Schmid 有 13 个滤波器,Maximum Response(MR8)有 38

个滤波器,伽博组有若干个滤波器等。在文献[15]中,聚类学习方法首次采用17 维滤波器组,并表现出较高的通用对象分类性能。17 - D 滤波器组包括在 L、a 和 b 通道上使用 3 种不同的刻度(1、2、4)的高斯方法,使用 4 种不同刻度(1,2,4,8)的拉普拉斯高斯(Lapacians of Gaussians)方法和在 L 信道的 x,y 轴上分别使用(2,4)刻度的高斯导数方法。通过将每个图像与滤波器组进行卷积,得到 17 幅响应图像,每个像素有 17 个响应。对于图像中位于(x,y)的像素,其纹理特征向量由以下部分组成:

$$V_{x,y}^t = [G_{1,2,4}^L, G_{1,2,4}^a, G_{1,2,4}^b, LOG_{1,2,4,8}^L, DOG_{2,4,x}^L, DOG_{2,4,y}^L] \tag{3.12}$$

3.3.2.4　类别-语义色彩纹理基元构造

在获得色彩和纹理特征之后,我们继续从每个特征中生成两组单独的中间级别的纹理特征。这些方法为所有类生成通用的可视词汇表,与现有的基于基元的方法不同,聚类学习方法为每个类提取一组具有代表性的最具辨别性的基元,也就是说,使用类别-语义基元,期待在每个对象表示中能够实现更好的可分离性和更少的冗余性,以减少类之间的混淆。假设在第 i 个类中有 C 个类和 n 个训练像素$(i=1,2,\cdots,c)$,V_i^c 和 V_i^t 分别是第 i 类的颜色和纹理特征向量,K - 均值聚类算法通过最小化以下内容,为每个 V_i^c 和 V_i^t 生成一组基元:

$$J_c = \sum_{j=1}^n \min_k |V_{i,j}^c - T_{i,k}^c|^2 \tag{3.13}$$

其中,$V_{i,j}^c$ 是 V_i^c 中第 j 个像素的色彩特征;$T_{i,k}^c$ 是第 i 个类学习的第 k 个色彩基元$(k=1,2,\cdots,K)$,J_c 是错误函数。纹理特征的功能类似于(3.13)。第 i 个类别-语义色彩和纹理基元向量分别由以下两个公式获得:

$$T_i^c = [T_{i,1}^c, T_{i,2}^c, \cdots, T_{i,K}^c] \tag{3.14}$$

$$T_i^t = [T_{i,1}^t, T_{i,2}^t, \cdots, T_{i,K}^t] \tag{3.15}$$

基元基本上是色彩或纹理特征的聚类中心,它们与所有特征描述符之间的欧氏距离最小,K 值控制训练基元的数量并确定基元特征空间的大小,通常可以显著影响"基元有效表示每个类的特性的能力"。结合所有 C 类的色彩或纹理基元向量,可以分别得到色彩和纹理基元矩阵:

$$T^c = \begin{Bmatrix} T_{1,1}^c, T_{1,2}^c, \cdots, T_{1,K}^c \\ T_{2,1}^c, T_{2,2}^c, \cdots, T_{2,K}^c \\ \vdots \\ T_{C,1}^c, T_{C,2}^c, \cdots, T_{C,K}^c \end{Bmatrix}, \ T^t = \begin{Bmatrix} T_{1,1}^t, T_{1,2}^t, \cdots, T_{1,K}^t \\ T_{2,1}^t, T_{2,2}^t, \cdots, T_{2,K}^t \\ \vdots \\ T_{C,1}^t, T_{C,2}^t, \cdots, T_{C,K}^t \end{Bmatrix} \tag{3.16}$$

以上两个矩阵分别是由所训练数据中学习到的有 C 类的色彩和纹理基元

组成,包含每个类的表示性和区别性特征,用来对测试数据中的对象进行区分。

3.3.2.5　基于超像素的基元共现和对象分割

对于图像和一组对象类别 C^N 中的所有像素 P^I,目标分割的任务是找到一个映射函数 $M:P^I \rightarrow C^N$,使每个像素对应一个类别。在已知色彩和纹理基元矩阵的情况下,基于超像素的基元共现,聚类学习方法使用多数投票分类策略来获得测试图片上所有像素的类标签,该方法本质上在每个超像素上聚集了所有像素的基元共现信息,从而实现总体的分类决策。具体来说,我们首先将测试图像中的所有像素分别映射到一个训练出的色彩基元和纹理基元中,之后,对于每个类中的每个超级像素,计算其中所有像素的映射色彩和纹理基元的出现次数。接着,使用线性混合方法结合色彩和纹理基元的出现次数,得到每个超像素的类别概率,也就是该超像素隶属于所有类别的可能性。同时,将该超像素中的所有像素最终分配给概率最高的类别标签。

对于输入图像 I,首先使用基于图形的快速算法将其分割为一组具有同质特征的超像素集合[23]:

$$S = [S_1, S_2, \cdots, S_L] \tag{3.17}$$

其中,L 是分割的超像素的数量,S_l 表示第 l 个超像素。

假设在超像素 S_l 中有 m 个像素,则可以依次使用公式(3.12)和(3.13)提取 S_l 的色彩和纹理特征向量,即 $V_{S_l}^c = U_{x,y \in S_l} V_{x,y}^c$ 和 $V_{S_l}^t = U_{x,y \in S_l} V_{x,y}^t$。接着,使用欧几里得距离度量搜索最近的纹理基元,将 $V_{S_l}^c$ 和 $V_{S_l}^t$ 分别投影到所学到的类别-语义色彩和纹理基元:

$$f(V_{x,y}^c, V_{i,k}^c) = \begin{cases} 1, & if \parallel V_{x,y}^c - T_{i,k} \parallel = \min_{q=1,2,\cdots,C;p=1,2,\cdots,K} \parallel V_{x,y}^c - T_{q,p} \parallel \\ 0, & otherwise \end{cases}$$

$$\tag{3.18}$$

可以使用以下方法获得一个色彩基元发生矩阵,该矩阵记录了 S_l 中所有像素的映射基元 $T_{i,k}^c$ 的数目:

$$A_{i,k}^c(S_l) = \sum_{x,y \in S_l} f(V_{x,y}^c, T_{i,k}) \tag{3.19}$$

然后,对色彩基元发生矩阵中的数字按类别累加,对于第 i 个类,超像素 S_l 在该类上的色彩基元发生次数为:

$$A_i^c(S_l) = \sum_{k=1}^{K} A_{i,k}^c(S_l) \tag{3.20}$$

重复上述步骤,得到了纹理特征向量 $V_{S_l}^t$,表示 S_l 在第 i 个类中的纹理基元出现次数:

$$A_i^t(S_l) = \sum_{k=1}^{K} A_{i,k}^t(S_l) \qquad (3.21)$$

再使用简单的线性混合方法结合色彩和纹理基元的发生次数,得到 S_l 在第 i 类上的组合出现次数:

$$A_i^l = A_i^c(S_l) + w \times A_i^t(S_l) \qquad (3.22)$$

其中,w 是色彩基元为 1 时,纹理基元的相对权重,它表示纹理基元对组合结果的相对贡献比率。之后,通过除以 S_l 中所有像素的总数(即 M),组合发生次数被转化为类别概率。

$$p_i^l = A_i^l / M \qquad (3.23)$$

对于 S_l,所有类别的概率向量为:

$$P^l = [p_1^l, p_2^l, \cdots, p_c^l] \qquad (3.24)$$

S_l 中的所有像素最终分配给第 c 类,如果 c 类在所有的类别中概率最大:

$$S_l \in 第 c 类 \ if \ p_c^l = \max_{i=1,2,\cdots c} p_i^l \qquad (3.25)$$

基于超像素中所有项目的色彩和纹理基元发生次数,上述流程实现了总体上的分类决策,从而可以利用空间邻域内的支持信息。因此,分类结果对超像素中的小误差或干扰具有一定的鲁棒性。注意,对于裁切的路边对象数据集中的数据,并没有执行图像分割的预处理步骤,该数据集中每张图像只有一个对象,且每个对象被视为单独的超像素。

3.3.3 实验结果

本文在裁切的路边对象数据集和自然路侧目标数据集上运行了聚类学习方法,并检验其性能。实验比较了几个关键参数的不同结果,以平衡精度与计算时间,并将该方法进一步应用于现实道路视频数据的目标分割任务。

3.3.3.1 实施的细节和参数设置

所有自然图像都被缩放到 320×240 像素的固定大小,以便于图像分割处理,降低计算成本。基于图的图像分割算法的参数与[24]中建议的设置相同,即对于 320×240 像素的图像大小,$\sigma = 0.5$,$k = 80$ 和 $min = 80$,为了确保不同类型对象的训练数据平衡,在每个裁切区域的随机坐标上选择 120 个像素,并使用 K-均值聚类生成色彩纹理基元。在色彩和纹理基元的融合中,色彩和纹理基元的数量被设为同等大小,例如,色彩-纹理基元,在裁切的和自然的路边对象数据集之上。整个系统是在 Matlab 平台下实现,部署在一台配置了 1.8 GHz Intel Core i5 处理器和 4 GB 内存的 Macbook 笔记本电脑上。

评估指标:聚类学习方法的性能通过全局精度和分类精度两个指标进行评估。使用四折交叉验证法计算平均精度。具体而言,每个类的裁切区域被划分为四个同等的子集,对于每次交叉验证,三个子集用于训练,剩下的一个用于测试。

3.3.3.2　全局精度 VS 基元数量

图 3.11 显示了聚类学习方法的全局准度 VS 基元数量,两张图分别是:在

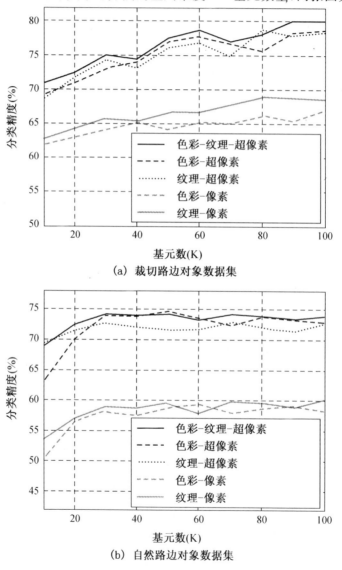

(a) 裁切路边对象数据集

(b) 自然路边对象数据集

图 3.11　全局精度与基元数。色彩和纹理基元数量相同,纹理基元的组合权重 $w=1$,高斯滤波器:7×7 像素,距离:欧几里得距离

裁切路边对象数据集上对七类对象进行分类,和在自然路侧目标数据集上对六类对象进行分类。比较了三种类型特征,包括色彩-纹理基元、单独的色彩基元和单独的纹理基元,以及两种分类策略:基于超像素的总体决策(即超像素)和基于像素的单一决策(即像素)。注意,色彩-纹理基元表示色彩和纹理集合的同等组合。

我们可以观察到,对于在两个数据集中使用色彩和纹理基元的两种情况,基于超像素的分类比基于像素的分类准确性更高(约 14%)。这证明了在每个超像素内的像素池上进行聚合从而实现总体分类的决策具有优势,它比基于像素的分类结果更精确。在两个数据集上,对于基于超像素和像素的分类方法,色彩和纹理基元的总体性能类似,它们的性能随着裁切数据集上的基元数量的增加而逐渐提高,但在自然图像数据集上趋于平稳。在两个数据集上,色彩和纹理基元(即色彩-纹理基元)的组合比单独使用色彩或纹理基元的全局精度略高。使用裁切数据集上的 90 个色彩-纹理基元和自然图像数据集上的 30 个色彩-纹理基元分别获得 79.9% 和 74.2% 的最高全局精度。与单独使用色彩或纹理基元相比,使用色彩-纹理基元以较少的基元获得更高的全局精度,这对于需要实时处理的应用程序尤为重要。

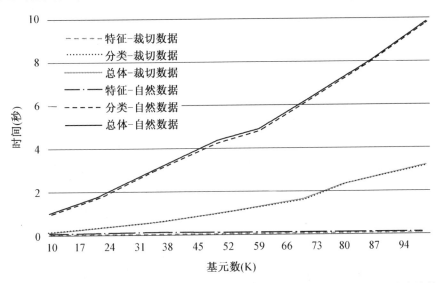

图 3.12　在裁切的和自然路边对象数据集上,计算性能 VS 基元数量。时间是在计算色彩和纹理特征(即"特征")时,每张图像(或区域)所需的平均秒数,以及进行基元映射和分类的平均秒数(即分类)。

　　图 3.12 显示了两个数据集上,计算时间与色彩-纹理基元的数量之间的关系。"总体"计算指处理每个测试图像(或区域)所需的平均秒数,主要包括两个处理阶段:特征提取和基元分类。对于这两个数据集,总体计算和基元数量之间呈现出近似的线性关系,并且大部分总体时间花在基元映射和分类上。相比之下,用于色彩和纹理特征提取的时间为常数,仅占整个时间的一小部分。由于分辨率较高,处理自然图像比处理裁切的区域需要更多的时间。因此,选择适当数量的色彩-纹理基元很重要,需要在准确性和计算时间之间实现良好的平衡。聚类学习方法选择 60 和 30 个色彩-纹理基元,分别用于裁切过的和自然路边对象数据集,其精度分别为 78.6% 和 74.2%,计算时间分别为 1.3 秒和 2.6 秒。

3.3.3.3　全局精度 VS 组合权重

　　我们研究了在纹理和色彩基元的组合中,纹理基元的权重对全局精度的影响。该权重是相对于色彩基元的权重固定为 1 时的相对值,代表着纹理基元对组合结果的贡献率。图 3.13 显示了聚类学习方法所得的全局精度,控制参数 w 的取值范围为 $[0.1, 1.5]$,实验是在裁切的和自然路边对象数据集上进行的,分别试用了 60 和 30 个色彩-纹理基元。在这两个数据集上,对于大多数权重值,色彩和纹理基元的融合比单独使用色彩或纹理基元具有更高的全局精度,并且当权重在 0.2 和 1.2 之间时所得到的总体性能最佳。这表明,在使用聚类学习方法对路边对象进行分类时,色彩基元比纹理基元发挥的作用稍大。当 w 等于 1.2 时,裁切数据集的最高精度为 78.9%;当 w 等于 0.6 时,自然数据集的最高精度为 74.4%。

3.3.3.4　全局精度 VS 高斯滤波器的大小

　　我们还研究了高斯滤波器的大小对全局精度的影响,如图 3.14 所示。在使用高斯滤波器时,大小决定了从图像中提取纹理特征的空间邻域的范围,生成的纹理基元可以表示每个对象的可区分性特征,高斯滤波器的大小可能会对此产生重要影响。此处,我们对以下三种方法的性能进行了比较,包括使用色彩-纹理基元的超像素分类方法、使用纹理基元的像素或超像素分类方法。在实验中,我们使用了五种不同大小的高斯滤波器,大小从 5×5 到 15×15 像素,间隔为 2 像素。在裁切后的数据集和自然数据集上,分别使用 60 和 30 个色彩-纹理基元来得到结果。对于这三种方法和两个数据集,使用五种尺寸的高斯滤波器的精度差异很小,但是使用小尺寸似乎比使用大尺寸稍微好一些,特别是对于裁切的数据集。使用 7×7 和 9×9 像素大小的滤波器分别可达到 78.9% 和 74.6% 的最高精度。考虑到自然路边对象数据集上使用 7×7 和 9×9 像素的大小之间只有很小的性能差异,两个数据集上进行聚类学习时都使用 7×7 像素大小的滤波器。

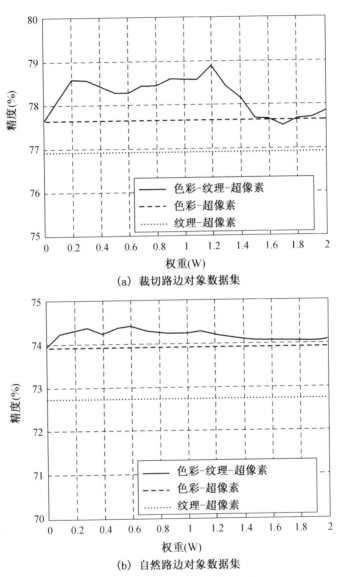

(a) 裁切路边对象数据集

(b) 自然路边对象数据集

图 3.13　全局精度 VS 组合权重的值。纹理基元的权重是相对于色彩基元的权值固定为 1 而言的。色彩 & 纹理基元的数量＝60(裁切数据集)且＝30(自然数据集);高斯滤波器:7×7 像素,距离:欧几里得距离。

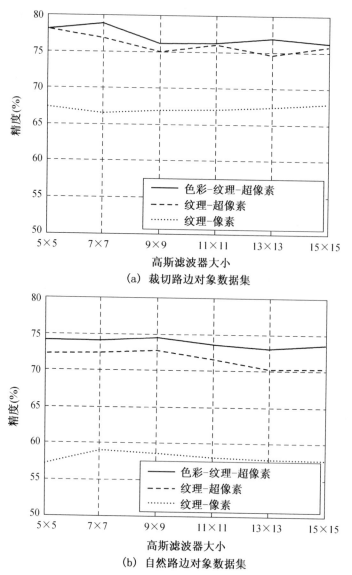

（a）裁切路边对象数据集

（b）自然路边对象数据集

图 3.14　全局精度 VS 高斯滤波器的大小。组合权重 $w=1.2$（裁切数据集）和 1（自然数据集）；色彩和纹理基元，数量＝60（裁剪数据集）和 30（自然数据集）；距离：欧几里得距离（对于两个数据集）。使用不同大小的高斯滤波器，色彩基元的性能保持不变。

3.3.3.5 全局精度 VS 距离度量方法

影响基元生成的另一个重要因素是 K-均值聚类中使用的距离度量方法。该度量方法确定了如何测量色彩或纹理特征之间的相异性。表 3.8 比较了四种距离度量的结果:欧几里得平方、绝对差和曼哈顿距离、余弦夹角和相关性。我们可以观察到,不同的度量距离对使用色彩-纹理基元或色彩基元的性能影响很小,但对使用纹理基元的影响较大。在四种度量方式中,欧几里得空间在色彩-纹理基元和纹理基元上的精度最高,而在两个数据集上,曼哈顿距离度量纹理基元的精度最高。我们研究了色彩-纹理基元的结果,其中,欧几里得距离用来计算色彩基元,曼哈顿距离用来计算纹理基元。我们的结果显示,在裁切的路边对象数据集上,该方法取得了 77.5% 的精度,低于对色彩和纹理基元同时使用欧几里得距离的结果。

表 3.8 全局精度(%±标准偏差)与距离度量

数据集	基元	欧几里得	曼哈顿	余弦夹角	相关
裁切	色彩-纹理	78.9±3.4	75.5±2.2	78.0±5.0	78.1±2.2
	色彩	77.7±2.3	73.5±3.3	76.8±3.5	77.5±3.2
	纹理	76.9±4.4	78.1±3.8	71.9±5.3	72.5±3.7
自然	色彩-纹理	74.2	74.2	72.1	72.3
	色彩	73.9	72.9	71.8	72
	纹理	72.8	73.3	65.1	66.6

3.3.3.6 分类精度与混淆分析

表 3.9 将聚类学习方法的分类精度与五种其他方法进行了比较。可以看出,色彩-纹理基元在两个数据集上具有最高的全局精度,在裁切数据集上具有最高的平均分类精度。有监督的色彩基元在对道路像素的分类上比纹理基元表现得更好,而纹理文本在对裁切数据集上的土壤和天空像素的分类上表现得更好。然而,在自然的路边对象数据集上并没有观察到这一结果,在这些数据集中,除棕色草地外,所有对象的色彩基元显示出比纹理基元更高的分类精度。与基于超像素的分类相比,使用基于像素的分类在两个数据集上的所有对象的分类精度都有显著降低,特别是在棕色草地和道路上,精度减少了近 20%。结果表明,在进行对象分类时,使用基于超像素的总体决策方法要优于基于像素的单个决策方法。

表 3.10 显示了使用色彩-纹理基元的对象混淆矩阵。对于这两个数据集,

天空是最容易正确分类的对象,精度超过 96%,而道路的分类精度也是比较高的。这个结果与之前的一致[25,26],其中,OU 和 MA 数据集中,天空和道路是五个对象中分类精度最高的,在道路场景视频数据集中,这两个对象也是八个对象中分类精度最高的。相比之下,土壤的识别是最困难的一类,两个数据集上的精度分别只有 57.0% 和 42.5%,并且很大一部分(超过 33%)的土壤像素被错误地归类为棕色草地,这可能是由于黄色重叠造成的。此外,超过 17% 的树木像素被错误分类为道路。在[25]中也观察到类似的结果,一些树叶的顶部被错误地识别为道路。研究结果表明,在自然条件下,有必要采用更具鉴别性的纹理特征来区分它们。在裁切的数据集上,棕色草和绿色草之间几乎没有混淆,然而,在自然路边对象数据集上的结果有所不同,棕色草和绿色草像素容易被错误分类,这表明在自然图片上所遇到的植被切分鲁棒性欠佳的问题,但在人工裁切的区域并没有观察到。

表 3.9　两种方法的分类精度比较(%)

(a) 裁切路边对象数据集

		棕草	绿草	路	土	树叶	树干	天空	平均	全局
基于超像素	色彩-纹理	86.2	88.0	84.2	57.0	79.0	68.0	96.1	79.8	78.9
	色彩	85.2	87.0	90.1	51.0	80.0	65.0	92.2	78.6	77.6
	纹理	85.2	88.0	80.2	59.0	76.0	62.0	98.0	78.3	76.9
基于像素	色彩	56.0	65.3	66.5	48.7	58.5	56.6	87.8	62.8	65.0
	纹理	52.4	71.3	68.0	44.4	55.3	55.1	91.4	62.6	67.2

(b) 自然路边对象数据集

		棕草	绿草	路	土	树	天空	平均	全局
基于超像素	色彩-纹理	73.5	78.7	85.7	42.5	67.6	96.6	74.1	74.2
	色彩	71.3	81.7	83.9	44.4	67.9	98.1	74.6	73.9
	纹理	74.2	73.7	83.7	36.3	65.5	94.1	71.3	72.8
基于像素	色彩	47.4	65.1	66.9	41.0	61.7	94.0	62.7	58.0
	纹理	54.9	56.4	70.1	35.6	59.4	88.4	60.8	59.0

表 3.10 基于聚类学习方法的不同类别的混淆矩阵(%)

(a) 裁切的路边对象数据集							
	棕草	绿草	路	土	树叶	树干	天空
棕草	**86.2**	0	1	6.9	0	5.9	0
绿草	1.0	**88**	0	0	11	0	0
路	0	0	**84.2**	1	0	11.8	3.0
土	33.0	0	3.0	**57.0**	0	4.0	3.0
树叶	1.0	11.0	1.0	0	**79.0**	8	0
树干	8.0	0	17.0	4.0	3.0	**68.0**	0
天空	0	0	1.9	2	0	0	**96.1**
(b) 自然路边对象数据集							
	棕草	绿草	路	土	树	天空	
棕草	**73.5**	14.7	3.3	3.1	5.4	0.0	
绿草	7.8	**78.7**	2.4	0.5	8.6	0.0	
路	7.3	0.4	**85.7**	6.1	0.1	0.4	
土	39.6	5.8	7.0	**42.5**	5.1	0.0	
树	5.8	5.4	18	0.3	**67.6**	2.9	
天空	0.2	0.0	2.8	0.1	0.3	**96.6**	

　　图 3.15 显示了分割结果的样本,显示了良好的全局准确性。这些样本的结果直观地证实了表 3.10 中对象的混淆结果。棕色草和绿色草之间的混淆部分原因是难以准确地人工标注地面真值。由于树木像素在纹理和深绿色上与道路

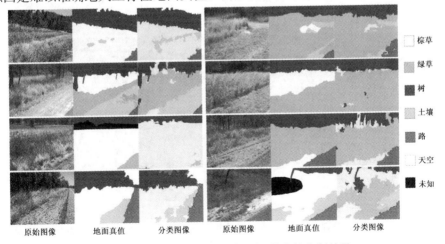

图 3.15 自然路边对象数据集中,样本的分割结果

有重叠,它们很容易被错误地分类为道路。同样,由于与黄色相似,土壤和棕色草也容易被错误分类。

3.3.3.7　自然路边视频应用

我们还将聚类学习方法应用于一组 36 个视频上的植被分割任务,视频是在澳大利亚昆士兰菲茨罗伊地区两条国道上通过 DTMR 拍摄的。图 3.16 显示了三个示例视频中原始帧的子集及其相应的分割结果。这些帧是手动选择的,以代表不同的场景内容和不同的环境条件,因此它们可以揭示聚类学习方法在现实场景下的性能。从图中可以看出,大部分草、树所在的区域都被成功分类,证明了聚类学习方法在支持实际应用方面的有效性和直接适用性。结果还显示了一小部分错误分类的像素,这也揭示了在真实视频数据上植被分割的典型挑战。具体来说,物体阴影的区域容易被错误地分类为树干,这主要是因为它们具有相似的深色特征。同样的原因,一小部分道路区域也被错误地归类为树干。在[25]中也观察到了类似的阴影效果,阴影的存在会导致树木误分类为室外场景中的未知对象。这表明在自然数据上正确地处理光线的变化对实现更准确的分割的重要性。此外,由于土壤和棕色草的像素有相似的黄色,特别是在明亮的光线下,它们也存在一些混淆。结果表明,色彩仍然是导致物体之间混淆的主要影响因素,因此,仍有必要结合更有效的纹理特征来进一步改善结果。

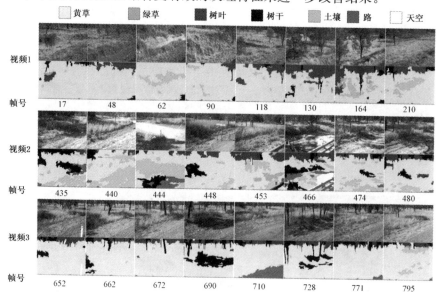

图 3.16　三个路边视频的帧样本的分割结果。三行中的帧分别从视频的开始、中间和结束部分选择。每个视频中的帧编号如图中所示。

3.3.3.8　性能比较

为了与深度学习方法进行性能比较,我们首先展示了常见的 CNN 在裁切的路边对象数据集上的性能,如表 3.11 所示。由于数据集中裁切区域的图像分辨率较低,因此此处使用了 LeNet - 5[27]技术,它最初是用于手写识别的,请注意,最近开发的 CNN 模型(如 Alexnet、VGG - 19 和 GoogLenet)不能直接在这里使用,因为它们是为更大的图像分辨率而构建的,例如 224×224 像素。为了保证输入数据的大小一致,所有裁切的图像都被调整为 $W×W$ 像素大小,$W∈$ {32,64,128},调整方法有:(1)可变比率方法,将区域的宽度和高度调整为 W 像素,并且不保持宽度和高度的纵横比;(2)固定比率方法,将区域的宽度和高度之间的较大者调整为 W 像素,并保持纵横比。研究[28]表明,保持图像的纵横比有助于保持对象的形状并提高性能。评估使用四折随机交叉验证。

表 3.11　裁切路边对象数据集上 LeNet - 5 CNN 的全局分类精度(%)

图像大小(像素)	32×32	64×64	128×128
宽到高的变动比率	73.5	67.9	55.6
宽到高的固定比率	64.8	75.9	34

我们可以看到,如果使用不同比率调整区域的大小,当图像大小从 32×32 像素增加到 128×128 像素时,全局精度从 73.5% 下降到 55.6%。这可能是因为使用小尺寸有助于防止将小区域调整为大尺寸而造成的大量信息丢失。当使用固定比率时,使用 64×64 像素的精度最高为 75.9%,这是因为图像的大小调整是基于更大的宽度值和高度值。结果也证实了保持图像的纵横比有助于最大限度地减小物体的畸变并获得更高的精度。相比之下,由于裁切区域的分辨率较低,对可变和固定比率两种方法来说,使用 128×128 像素的精度最低。

在裁切过的路边对象数据集和克罗地亚公共路边草地数据集上,表 3.12 比较了聚类学习方法与现有方法[29]的结果,并在裁切的数据集上将聚类学习方法与四种方法进行比较:(1) 通用的基元直方图方法,它使用 K -均值聚类为所有类创建一组通用的基元,并将每个裁切区域分为一个类,该类与该区域具有最接近的基元直方图距离。为了实现公平比较,在聚类学习方法中使用相同类型的色彩和纹理特征。(2) LeNet - 5 方法,使用固定比率方法将大小调整为 64×64 像素(见表 3.11)。(3) 像素特征方法[11],构造了一组像素级统计色彩特征来表示植被特征,并使用 SVM 分类器进行植被分割。(4) 使用三个对立色彩信道 O_1,O_2,O_3 的方法,它们的前三个矩,以及三个分类器 ANN、线性 SVM 和

KNN。可以看出,聚类学习方法优于所有的基准方法,并达到了最高的精度。类别-语义基元的精度(19.2%)明显高于一般基元方法,这证实了为每个类生成一组特定基元的好处。令人惊讶的是,LeNet-5 的精度略低于聚类学习方法,这可能部分是由于图像调整过程中造成信息丢失。聚类学习方法的精度也比像素特征法高 2.9%,并且与使用 $O_1O_2O_3$ 色彩信道 SVM、ANN 或 KNN 分类器相比,精度几乎相同或更高。结果表明,与最先进的学习方法相比,聚类学习方法具有更好的性能。

表 3.12 与现有方法的性能比较

数据集	方法	分类器	对象编号	分辨率	精度(%)
裁切的	色彩-纹理基元(本文方法)	KNN	7	—	78.9
	一般纹理直方图	KNN	7	—	59.7
	LeNet-5[27]	—	7	64×64	75.9
	色彩统计[11]	SVM	7		77
	$O_1O_2O_3$＋色彩矩[3]	ANN	6		79
	$O_1O_2O_3$＋色彩矩[3]	SVM	6		75.5
	$O_1O_2O_3$＋色彩矩[3]	KNN	6	—	68.6
	$O_1O_2O_3$[3]	ANN	6		72.6
克罗地亚	色彩-纹理基元(本文方法)	KNN	2	320×240	93.8
	BlueSUAB＋2D CWT[29]	SVM	2	1 920×1 080	93.3
	可见植被指数[29]	阈值	2	1 920×1 080	58.3
	绿-红植被指数[29]	阈值	2	1 920×1 080	67.6
	Lab＋2D CWT＋光学流[30]	SVM	2	1 920×1 080	96.1
	RGB＋熵[31]	SVM	2	1 920×1 080	94.9
	RGB[31]	SVM	2	1 920×1 080	92.7
	HSV[31]	SVM	2	1 920×1 080	87.3

类似于[29-31],本文在克罗地亚路边草地数据集上使用十折随机交叉验证方法对平均精度进行评估。聚类学习方法优于文献[29]提出的三种方法:五种色彩信道(例如 BlueSUAB)和二维 CWT 纹理特征的融合法、基于阈值的可见光植被指数、使用基于阈值的绿红色植被指数;也优于使用 RGB 和 HSV 色彩特征的方法[31]。我们的方法在精度上(1.1% 和 2.3%)略低于使用 RGB 和熵的融合方法[31],和基于光流的、融合 Lab 和二维 CWT 特征的目标区域检测

法。然而,本方法所应用的数据集分辨率要低得多(320×240 VS $1\,920\times1\,080$ 像素)。因此,聚类学习方法能够使用低分辨率数据得到和最先进方法相当的性能,这对实际应用中的实时处理至关重要。

3.3.4　总结

本节提出了一种基于类别-语义基元的自然道路图像植被分割聚类学习方法。它从训练数据中学习类别-语义色彩-纹理基元,以有效地表示类的特定特征,然后将所有像素的特征投影到所学的基元中。一种基于超像素的总体分类策略通过聚集色彩-纹理基元的组合来给每个超像素打上标签。实验研究了聚类学习方法中几个关键参数的最优值,在两个真实的数据集上取得了最高的精度78.9%和74.5%,在一组真实的视频数据集和公开的克罗地亚路边草数据集上取得了不错的结果。结果表明,物体的阴影和光线所造成的阴影与树干色彩重叠,以及棕色草和土壤像素重叠对植被的有效分割形成了最大的挑战。此外,树像素也容易被错误分类为道路。为了在自然条件下进行精确的分割,需要考虑针对光线变化的鲁棒性。由于目前只考虑像素级色彩和纹理特征,聚类学习方法仍然可以通过在区域[32]上合并统计特征来进行扩展,以生成更健壮的对象描述符。此外,还可以添加全局和局部上下文特征(例如对象共现统计信息),以进一步提高方法的性能。

3.4　模糊 C -均值学习

3.4.1　简介

虽然聚类学习算法在路边数据的对象分割方面取得了很好的效果,它的一个缺点是,直接将输入数据分类为不同聚类的对象类别,而不考虑数据可能属于多个聚类的事实。为了解决这个问题,模糊聚类学习算法引入了一种隶属度函数,该函数允许将样本同时分配(或分类)到不同的聚类中,并提供了某个样本属于每个类的程度。因此,模糊聚类学习算法能够更如实地反映真实情况,即使在干扰条件下,也能为图像分类问题提供更强大、更有意义的结果。模糊 C -均值(FCM)算法作为应用最广泛的模糊聚类算法之一,是对传统 C -均值聚类算法的一种扩展,在计算机视觉任务中表现出良好的性能,有望应用于各种环境影响下对自然数据对象的有效分割[33]。

本节介绍一种基于模糊聚类和基于小波的学习路边目标分割学习方法[34]，小波用以对数据进行预处理，以去除斑点状的、不同强度的对象。然后，对图像进行模糊聚类，并分离出目标区域，最后，根据颜色和形状特征提取对象。小波也曾被用于物体分类[35,36]，但它们是为高质量的图像而设计的，主要用于识别道路标志。

3.4.2　模糊 C‑均值学习方法

图 3.17 说明了基于小波的 FCM 学习方法的框架[34]，用于道路、天空和道路标志等道路对象的分割框架。在初始阶段，图像通过小波进行预处理（如分解和去噪）。然后，基于 FCM 算法提取潜在的目标区域，并将其反馈到神经网络分类器的集合中，用于道路目标识别。

3.4.2.1　预处理

主要任务是对输入图像进行预处理，并将其传递到 FCM 聚类中，得到道路对象的相关区域。因为图像可以有不同的大小和分辨率，它首先被调整为250×250 像素的固定大小，然后从原始的 RGB 空间转换为 HSI 空间。之后，对图像进行小波预处理，并进行模糊聚类。

我们首先简单介绍小波，它实际上是一个将信号分成多个独立分量的函数。为每个分量分配一个频率值，然后可以利用小波的分辨特性来研究频率。小波变换比傅立叶变换函数好得多，傅立叶变换函数具有不连续性，并且时间轴上的频率是不可预测的。在基于小波的 FCM 学习方法中，CWT 是一种有效的检测二维目标局部特征的方法。CWT 包含一些时间短的、小的小波。计算信号中的小波变换包括递归滤波和下采样。图 3.18 展示了将输入图像分解到特定的级别，例如第一级和第二级。

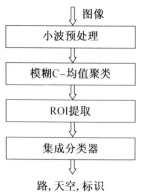

图 3.17　基于小波的 FCM 学习方法框架

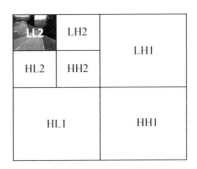

(a) 第一级分解　　　　　　　　　(b) 第二级分解

图 3.18　连续小波变换的一级和二级分解

利用小波可以提高图像的质量,原理是基于多分辨率特性来移除噪声。对图像进行小波去噪是使用线性或非线性的滤波器来恢复被噪声扭曲的图像。线性滤波采用低通滤波器来消除高频噪声,而非线性滤波则采用统计滤波器。根据噪声大多分布在高频之上这一原则,小波方法通过抑制高频信号来消除干扰。这种处理可以分离出斑点状的、具有不同强度和形状的对象。

3.4.2.2　FCM 聚类

聚类的目的是以无监督的方式学习未标记数据的结构。FCM 聚类是一种经典方法,将相似的训练数据样本聚类,学习出每个样本对这些聚类的模糊隶属度。这种聚类是通过递归地减少代价函数来实现的,实例的模糊隶属度表示一个实例隶属于不同类别的程度。与其他聚类方法相比,FCM 的优点在于能够保留更多的信息。

传统的聚类算法是基于数据模式的相似性来创建数据聚类,并将相似的模式放到同一聚类中去。与传统的聚类算法不同的是,模糊聚类方法允许同一数据隶属于不同的聚类。FCM 算法[33]最小化以下代价函数:

$$J_m(U,Y) = \sum_{k=1}^{n} \sum_{j=1}^{c} (u_{jk})^m E_j(x_k) \tag{3.26}$$

其中,$U=\{x_k | k \in [1,n]\}$ 表示具有 n 个未标记样本的训练集,$Y=\{y_j | j \in [1,c]\}$ 表示一组聚类中心,$E_j(x_k)$ 是样本 x_k 到某一个特定聚类 j 的中心 y_j 的相异性度量,u_{jk} 代表模糊分区矩阵,$m \in (1,\alpha)$ 是一个模糊参数。

J_m 相对于 Y 的值可以通过以下公式最小化:

$$\sum_{j=1}^{c} (u_{jk}) = 1 \tag{3.27}$$

由此,可以使靠近聚类中心的像素具有较高的值,而远离聚类中心的像素具有较低的值。FCM 中的隶属度是由像素到聚类中心的距离决定的。

3.4.2.3　目标区域(ROI)提取

图像在经过 FCM 处理后,将会使用基于像素的搜索过程进一步处理,该过程使用色彩特征来查找 ROI。对于道路,ROI 是在图像的底部进行搜索的,然后,提取出的 ROI 会被分类为道路或非道路。同样,天空是在图像的顶部进行搜索的,提取的 ROI 被分类为天空或非天空,再从提取的 ROI 中获得色彩特征。交通标志通过进行模板匹配获得,该过程考虑了像素浓度的强度。与交通标志相关的色彩特征被用以辅助匹配过程。切分区域被匹配到道路标志的色彩和大小等属性上。最后,我们得到一些 ROI 或候选道路对象。

3.4.2.4　对象分类

用神经网络集成分类器对提取到的 ROI 区域进行分类。集成分类器的优点是将多个分类器的结果相结合,以获得更健壮和更准确的结果。由于同一数据集上的权重、隐藏神经元等初始参数不同,不同的神经网络在训练时的结果也不尽相同。因此,每一个网络都会产生不同的分类误差,将它们结合起来可以减小误差,提高精度。我们使用 MLP 作为集成分类器,并且每个 MLP 分别使用从 ROI 中提取的色彩特征进行训练。为了获得多样性,MLP 分类器的参数并不相同。在分类阶段,每个 MLP 将获得的 ROI 分为两类,分别用 $Y_k,k=1,2$ 表示,例如,Y_1 类对应天空,Y_2 类对应非天空。我们训练了五个 MLP,将获得的 ROI 分为不同的对象类别。最后的结果是通过使用多数投票策略,将所有 MLP 的结果进行投票得到的。

3.4.3　实验结果

3.4.3.1　评价指标和系统参数

评估数据集使用前视摄像头采集的自然道路图像数据集。我们使用 FCM 学习方法估计正确分类的对象数量。我们使用了两种评价指标:(1) 正确识别率(CRR),表示所有正确分类的对象占对象总数的百分比;(2) 错误识别率(FRR),表示错误分类的对象占对象总数的百分比。

系统参数:采用反向传播算法对具有一个隐藏层的三层 MLP 分类器进行训练。用于训练的参数如下:(1) 学习率=0.01;(2) 动量=0.2(Momentum);(3) 迭代次数=60;(4) RMS=0.001。最佳参数设置都是在不同的数据集上反复实验得到的。

图 3.19　自然道路图像数据集中预处理图像的样本集

3.4.3.2　实验结果

图 3.19 显示了一组预处理图像的示例结果。图 3.20 展示了使用基于小波的 FCM 方法所提取的最终道路表示对象集合,包括标志、天空和道路。

当 CRR 较高、FRR 较低时,所得的结果较好。我们将基于小波的 FCM 方法与 FCM 方法进行比较[37]。所得结果如表 3.13 所示,CRR 的增加与 FRR 的降低证实了在数据预处理中应用小波的优点。FCM 方法在无干扰图像上表现良好,但对干扰敏感。基于小波的 FCM 方法利用小波去噪,其精度高于 FCM 方法。

图 3.20　提取的道路对象的示例集

表 3.13　基于小波的 FCM 方法与 FCM 方法的性能比较(%)

	FCM 方法		基于小波的 FCM 方法	
	路	天空	路	天空
CRR	88.4	98.1	94.5	98.8
FRR	2.1	2.8	0.01	0.02

3.4.4　总结

本节提出了一种基于小波的 FCM 学习方法,用于路边图像的对象分割。采用基于小波的 FCM 学习方法被用在道路图像中对 ROI 进行识别,并利用基于 MLP 的集成分类器识别道路对象。在实际道路图像上的实验表明,道路和天空的识别精度分别为 94.5% 和 98.8%。与现有的 FCM 方法相比,基于小波的 FCM 方法在分类精度上有了很大的提高。

3.5　集成学习

3.5.1　简介

集成学习是将同一类型或不同类型的多个模型的结果结合起来,采用多数投票的融合策略,获得最终输出的一种方法。不同的参数集使得这些独立模型的结果具有多样性。集成学习的优点是考虑了多个独立模型的决策,这使集成学习系统在大多数情况下的分类精度和鲁棒性都比独立模型有很大提高。一般来说,每个模型只能在一部分测试数据中产生准确的结果,但是多个模型的组合能够通过考虑所有单个成员模型的决策来实现更高的性能。在道路视频数据分析中,我们希望能够使用一种集成学习方法得到较好的效果。

在本节中,我们提出了一种基于多个神经网络的集成学习方法[38],将路边图像分割并分类到不同的对象中。集成学习过程结合了由聚类创建的多个分类器的决策结果。

3.5.2　集成学习方法

图 3.21 显示了基于聚类和融合的思路,生成集成分类器方法[38]的框架。首先,将输入图像聚类到多个段中,并使用一组基分类器来学习每个聚类中图案之间的决策边界。该聚类过程将一个数据集划分为包含高度相关数据点的段,使得段中的数据点在几何上更接近彼此。当来自多个类的图案在一个聚类中重叠时,这些数据点很难被分类。将聚类应用于与类关联的数据集时将生成两种类型的段①:原子段和非原子段。原子聚类具有属于同一类的图案,而非原子聚类具有来自多个类的图案。

在聚类过程之后,根据非原子聚类的图案对分类器进行训练,并为原子聚类分配类标签。根据测试图案到聚类中心的距离,可以找到合适的聚类来帮助预测测试图案的类标签:如果是原子聚类就直接使用该聚类的标签;如果是非原子聚类则使用一个合适的分类器来得出。聚类有助于识别那些难以分类的图案。一旦执行聚类操作并识别出聚类,就为每个聚类训练一个神经网络分类器。

在 K - 均值聚类中,基于聚类中心的初始状态,聚类图案的标签可能会有所

———————————

① 译者注:所谓"段"(Segment),就是通过聚类算法所获得的聚类。

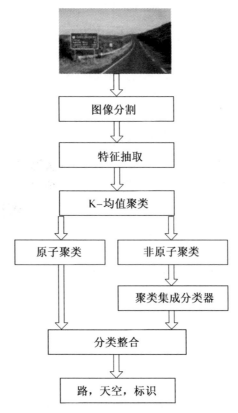

图 3.21　集成学习方法的框架

不同,其中 K-均值聚类的数量可能与数据中的实际聚类数量不同。如果使用不同的种子设定生成多个聚类,则图案每次都可能分配给不同的聚类。当使用不同的初始种子执行新的聚类操作时,它被称为分层(layering),这些聚类形成一个层(layer)。聚类的标签在不同的层之间是不同的。可以对每一层的非原子聚类训练一个分类器,所有分类器的结果可以使用多数投票法组合在一起形成集成算法。这些层通过集成算法提供了多样性,并使得非原子图案的分类更容易。

3.5.2.1　图像分割

对于图像分割,我们使用基于色彩特征的聚类,它考虑了与色彩成分变化相关的特征。第一步是测量色彩特征。首先,使用 $K=2$ 的 K-均值聚类,将道路图像分割为白色与非白色两个色彩信道,使车道线、天空、干燥植被和道路标志被分割为白色片段,道路、彩色道路标志和绿色植被被分割为非白色片段。可能的道路对象分布在它们在图像中的对应位置。道路的提取是通过在图像底部基于块的特征提取来完成的,而天空区域的分离则是通过将搜索限制在图像的顶部来进行。通过搜索连接在图像上边缘的斑点,我们可以从此处的白色部分提取天空。

3.5.2.2 特征提取

之后,将分割后的图像用于基于块的特征提取。首先定义一个块大小,将图像分割成若干相等的块。集成学习方法使用块大小为 64×64 像素。

对于路的部分,仅在图像的底部分块,每个块标记为三个类别,包括道路、非道路和背景。对于天空的部分,图像的顶部被划分为块,每个块都被标记为天空、非天空或植被。然后在每个块中进行特征提取。根据色彩的范围,有四种道路标志从图像中提取出来,包括绿色标志、浅蓝色标志、黄色标志和速度标志。在区域边界被提取后,将每个块的信号与从参考形状中获得的信号进行比较,进一步过滤。

3.5.2.3 聚类和集合分类器

所有道路图像都使用 K-均值聚类算法进行聚类,生成了只包含一个类成员的原子聚类和包含多个类的非原子聚类。然后,在非原子聚类上训练一个神经网络,生成一个层。重复进行该过程,对具有不同初始聚类种子的许多聚类进行操作。每个分类器层都经过训练,以识别非原子聚类的分类边界。

训练操作完成后,神经网络可应用于测试数据。在测试期间,集成分类器分两步评估测试图案属于哪个类。在第一步中,根据图案到聚类中心的距离确定聚类隶属度。如果图案属于原子聚类,则返回该聚类的类标签。如果图案属于非原子聚类,则利用经过训练的神经网络来获取类标签。最后,使用多数投票法集成来自多个基分类器的结果。

图 3.22 以图形方式解释了通过改变聚类中心的种子来创建层的方法。在图 3.22a 中,定义了三个聚类,并且从类的成员中可以观察到已经形成了两个原子聚类和一个非原子聚类。非原子聚类包含多个类,因此需要使用神经网络分类器在这一聚类上进行训练。原子聚类更容易分类,它们的类标签就是测试图案的标签。在图 3.22b 中,聚类种子被改变,层产生了三个聚类。在这种情况下,聚类的成员与前一层有很大的不同。这种模式的差异在神经网络的训练过程中产生了多样性,从而提高了集成分类器的性能。

在不同的聚类上使用神经网络分类器,使得神经网络分类的输出具有多样性。当神经网络在不同的聚类分组上运行,所有的输出组合起来就形成了集成聚类。

3.5.2.4 分类集成

在每个聚类层上进行训练可以得到不同的神经网络,使用这些神经网络的输出进行多数投票以获取最终结果。与使用单个分类器相比,这种集成方法能够提高输出结果的质量。多数投票选择在所有类别中拥有最高投票数的类别标签。

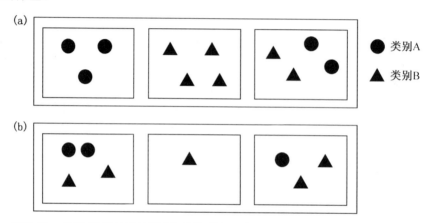

图 3.22 分层,数据被聚为两个原子聚类和一个非原子聚类(a),以及三个聚类(b)

3.5.3 实验结果

3.5.3.1 实验设置

评估数据集是自然道路图像数据集。此数据集中的图像代表了现实道路条件下出现的分割问题。目前还没有衡量分割性能的既定标准。虽然工作[31]描述了衡量分割性能的各种方法,但它没有给出任何规范的标准。集成学习方法的评估有四种方法:(1)正确识别率,即所有正确分类对象的数量除以所有对象的总数;(2)丢失对象数量,与未正确分类的对象的数量有关;(3)最大得分数,表示一种方法达到最大得分的次数;(4)错误分类率,即错误分类的对象数除以分类的对象总数。

3.5.3.2 基准方法

本节介绍用于道路对象分类实验的三种基准方法,并将基准方法与集成方法进行性能比较。

(1)SVM 方法[39],该方法使用 SVM 分类器提取道路对象,该分类器在高维特征空间中学习出具有最大边界(Margin)的线性超平面。我们对每一幅图像的像素提取出一个特征向量,再使用一个训练过的 SVM 分类器对其进行分类。

（2）层次化的段学习[32],它建立了层次化的段提取方法和基于神经网络的段对象分类。在层次化阶段,该算法提取出天空、道路、标志和植被等对象,并使用神经网络分类器进行分类。在每幅图像中,总共使用$(960 \times 1280)/(64 \times 64)$段,块大小为 64×64 像素。然后对图像进行聚类和特征提取。

（3）基于聚类的神经网络[4],它结合了聚类和神经网络分类器,用来将道路图像分割为不同的对象。它为每个类生成聚类,并使用这些聚类为每个提取的段形成子类。在分类中采用了聚类集成的方法,提高了系统的分类精度。分类器是具有单个隐藏层的 MLP,对每个聚类进行训练,并对训练结果进行集成。分类器使用具有以下参数设置的反向传播算法进行训练:学习率=0.01;动量=0.2;迭代次数=55;RMS 目标=0.01。数据集上的最佳参数设置通过观察实验的错误情况设定。

3.5.3.3　性能结果

使用上述测量方法,将集成学习方法的性能与三种基准方法的性能进行比较,如表 3.14 所示。采用集成学习的方法得到了最好的分类结果,正确率为91.2%。与基准方法相比,精度提高了 2.8% 以上。使用集成方法丢失和检测错误的对象数也低于基准方法。图 3.23 显示了使用集成方法提取的道路对象的样本集,图 3.24 比较了基于不同度量的所有方法的性能,表明集成学习方法在总体上的表现更好。

表 3.14　集成学习方法与三种基准方法的性能比较

指标	SVM	层次	聚类	集成
正确率(%)	80.2	81.5	88.4	91.2
丢失	4	5	3	2
最大	6	9	4	12
错误率(%)	2.34	3.4	2.1	0.00

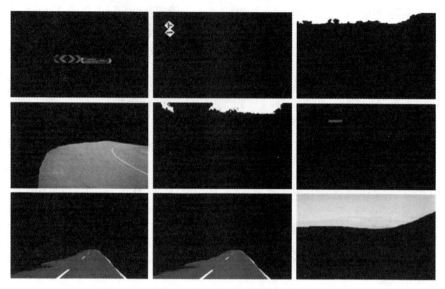

图 3.23　使用集成学习方法提取道路对象的样本集

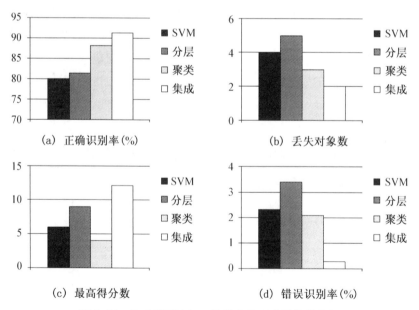

(a)　正确识别率(%)　　　　　　　(b)　丢失对象数

(c)　最高得分数　　　　　　　(d)　错误识别率(%)

图 3.24　集成学习法与三种基准学习法的比较分析

3.5.4 总结

在本节中,我们提出了一种基于神经网络的道路目标检测集成学习方法。该方法使用不同的种子设定将数据划分为多个层,然后在每个层上生成多个聚类来表示不同的模式。神经网络分类器在每一层的每一个聚类上进行训练,并使用多数投票法对一组聚类网络的输出进行融合。实验结果表明,与基准的支持向量机、层次化和聚类方法相比,道路目标检测的分类水平有较大提高,正确率为 91.2%。

3.6 基于多数投票法的混合学习

3.6.1 简介

在建立视频数据的自动分析系统时,最关键的环节之一是设计一种鲁棒强的分类算法[40]。很多算法被设计用来解决分类问题,包括 KNN[41]、AdaBoost[42]、ANN[43]、SVM[44]、小波技术[45]等。然而,在现实环境中,这些算法都不能确保达到任何形式的最佳分类精度。近年来,相比使用单个分类器的传统方法,将多个分类器组合起来的混合方法[46,47]受到越来越多的关注[48],这一类方法在分类问题上,特别是在现实场景中,有效性和鲁棒性更为突出。然而,现有的植被分割方法大多集中于使用单一的分类器,并且很少有研究利用车载摄像机捕获的视频数据对路边植被进行分割。

本节描述了一种基于多数投票法的混合方法[49],多个分类器结合起来将植被分类为稠密植被和稀疏植被。为了提高分类器的多样性,该方法特别选择了人工神经网络、支持向量机和 KNN 三种分类器,以提高分类器的性能。基于多数投票的方法其优点有二:一是将多个分类器的结果与使用多数投票策略结合;二是一种新的特征提取技术。然而,由于该方法结合了多个分类器,因此需要较长的时间来运行所有分类器,从而给能否实现实时处理带来了一定挑战。

3.6.2 多数投票法

基于多分类器融合多种纹理特征可以学习和区分植被类型的假设,设计了一种基于多数投票的稠密草地与稀疏草地鉴别方法。图 3.25 显示了该方法的框架,包括数据采集、图像预处理、基本分类器训练、分类器决策融合和精度计算五个阶段。

3.6.2.1　图像预处理

预处理步骤的目的是准备一个输入图像，可以直接用于特征提取。此步骤包括滤波、色彩空间转换和大小调整。

（1）中值滤波。为了消除输入图像中的干扰，对图像应用中值滤波，从而生成平滑干净的图像版本。

（2）RGB 到灰度转换。为了支持灰度图像中的特征提取，所有彩色图像均以 R、G 和 B 的平均值作为每个像素的强度值，该平均值即为灰度值。

（3）图像大小调整。图像采集时的分辨率为 900×500 像素。为了减少计算时间，所有图像都被调整到 200×200 像素的分辨率。

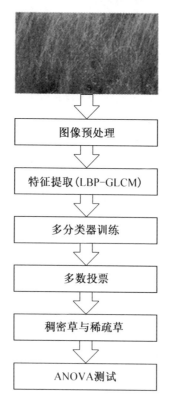

图 3.25　基于多数投票的混合方法的框架

3.6.2.2　特征提取

特征提取是植被分割的关键步骤之一。据观察，稠密草和稀疏草可以根据其纹理的平滑程度和草深的差异进行视觉分离。基于这一观察，多数投票法提出了一种基于 LBP 和 GLCM 相结合的纹理提取技术,以获得二元模式的共现信息。具体来说,首先在灰度图像上应用 LBP 算子,然后应用 GLCM 生成纹理特征向量。

　　LBP 是一个灰度的、具有旋转不变性的纹理特征提取工具,它从图像中提取整数标签的直方图。LBP 运算符将每个像素的一个邻域(例如 3×3 像素)进行阈值化处理,形成图像像素的标签。对于每个像素,将所有这些结果按顺时针方向进行二项式连接,得到一个二进制值,然后将其分配给中心像素。像素(x_c,y_c)的 LBP 码通过以下方式获得:

$$LBP_{P,R}(x_c,y_c) = \sum_{p=0}^{p-1} s(i_p - i_c)2^p \tag{3.28}$$

$$s(x) = \begin{cases} 1, x \geq 0 \\ 0, x < 0 \end{cases} \tag{3.29}$$

　　其中,i_c 代表中心像素(x_c,y_c)的灰度值;i_p 代表其邻域的灰度值,P 代表其邻域数,R 代表其邻域半径。对于不完全落在像素位置上的领域,使用双线性插值法估计其值。

　　在计算了大小为 $M \times N$ 像素的图像中每个像素(x,y)的 LBP 码后,我们得到一个编码的图像表示。通过使用以下方法计算 LBP 码的出现次数,从编码图像中获得直方图 H:

$$H(b) = \sum_{x=1}^{M} \sum_{y=1}^{N} f(LBP_{P,R}(x,y),b), f(a,b) = \begin{cases} 1, a = b \\ 0, a \neq b \end{cases} \tag{3.30}$$

其中,b 是 LBP 码值。得到的直方图 H 是描述图像纹理的特征向量,之后可作为 GLCM 算法的输入。

　　在下一阶段,我们使用 GLCM 算法提取纹理特征。GLCM 是一种灰度纹理基元,描述图像中局部纹理的空间结构。灰度级别的共现矩阵表示具有灰度值的像素在给定偏移处与另一个像素水平相邻的频次。我们为图像的每个灰度版本构造一个矩阵。

3.6.2.3　训练基分类器

　　本文使用了三个分类器,即 SVM、ANN 和 KNN,对稠密草和稀疏草的图像进行分类。

　　(1) SVM 分类器。第一个分类器是 SVM,用来寻找类之间的最佳分割。令 $S = \{(x_i,y_i) | x_i \in R^n\}$,$y_i \in \{1,2\}$ 表示两个用以训练的类标签。"1"类表示稠密草地,"2"类表示稀疏草地。本文使用了线性函数、多项式函数和 RBF 函数三

种核函数。

（2）人工神经网络分类器。第二个分类器是三层前馈神经网络。令 $u=$ $[u_1,u_2,u_3,\cdots,u_p]^T$ 为输入特征向量，$y=[y_1,y_2,y_3,\cdots,y_m]^T$ 是输出向量，其中 p 代表 u 中的元素数目，例如 $p=110$，m 代表类别数，例如 $m=2$。使用不同数量的隐藏单元（6、10、12、15 和 20）和迭代次数（即 500、1 000 和 3 500）反复对神经网络进行训练，直到训练样本上的 RMS 误差低于反向传播算法所得的预设值。

（3）KNN 分类器。第三个分类器是 KNN，其中测试对象被分类为在特征空间中最接近训练对象的类标签。KNN 有两个参数需要调整：K 和距离度量函数。K 通常设置为奇数以避免平局。本文调试了三个 K 值，包括 5、7 和 9，使用两种距离度量函数，包括欧几里得距离和曼哈顿距离（City Block）。KNN 的一个主要问题是训练样本频率高的类将主导测试样本的预测结果。为了克服这个问题，我们的实验中每个类别中的样本数均相等。

3.6.2.4　多分类器的多数投票策略

在使用相同的图像描述符对所有的三个分类器进行训练后，使用多数投票策略将它们的决策进行组合，得到了最终的分类决策结果。拥有多数选票的类获胜，且至少有两个分类器的结果相同。最后，测试图像被标记为稠密类或稀疏类。

3.6.3　实验结果

本节提供了有关裁切草地数据集的实验结果，进行了两个实验。第一阶段为每个分类器选择最佳参数，第二阶段使用五折交叉验证法获得所选参数的分类率。共使用了 110 张图像，其中 60 张是稠密的，50 张是稀疏的。所有图像随机分为五个相等的子集，稠密草地或稀疏草地类别中的样本数相等。每次验证时，一个子集用于测试，其余的子集用于训练。重复上述过程五次，得出平均分类率。

表 3.15 显示了使用 SVM 分类器获得的结果，包括使用三种核函数的训练精度和测试精度。线性函数在训练数据和测试数据上均达到最高精度，结果分别为 90% 和 85%，而多项式精度和 RBF 函数的精度较低，使用多项式得到的训练精度和测试精度分别为 85% 和 80%，使用 RBF 得到的训练精度和测试精度分别为 80% 和 80%。

表 3.15 使用 SVM 分类器的分类精度(%)

核函数	线性	多项式	RBF
训练精度	90	85	80
测试精度	85	80	80

表 3.16 列出了使用线性核函数的五折交叉验证的 SVM 分类结果。

表 3.17 列出了神经网络分类器中不同参数的结果。人工神经网络在以下参数下产生最高精度:隐藏单元数=12,迭代次数=3 500,学习率=0.01,动量=0.15,RMSE=0.000 1。训练精度和测试精度分别为 90% 和 85%。这意味着,在选择合适的参数的条件下,神经网络能够达到与 SVM 相似的性能。

表 3.18 显示了使用所选参数时,五折交叉验证的人工神经网络分类精度。

表 3.19 给出了使用 KNN 获得的分类结果。在比较不同 K 值的训练精度和测试精度后,选择可以达到最佳结果的 K 值。此处分别使用 90 和 20 个图像进行训练和测试。$K=7$ 时可获得训练数据集和测试数据集的最高精度。训练数据集和测试数据集的精度分别为 85% 和 80%。虽然用 KNN 得到的精度低于 ANN 和 SVM,但 KNN 的接受率接近 ANN 和 SVM。

表 3.16 使用线性 SVM 分类器的五折交叉验证结果(%)

折	1	2	3	4	5	总体
精度	95.5	90.9	95.5	86.4	91	91.8

表 3.17 使用人工神经网络分类器的分类精度(%)

实验	隐藏层	迭代	RMSE	训练精度	测试精度
1	6	500	0.000 3	80	75
		1 000	0.000 4	75	75
		3 500	0.000 1	80	75
2	10	500	0.000 5	80	80
		1 000	0.000 1	80	80
		3 500	0.000 3	85	85
3	12	500	0.000 1	85	80
		1 000	0.000 2	85	85
		3 500	0.000 1	90	85

（续表）

实验	隐藏层	迭代	RMSE	训练精度	测试精度
4	15	500	0.000 2	85	80
		1 000	0.000 3	90	80
		3 500	0.000 1	90	80
5	20	500	0.000 4	85	80
		1 000	0.000 3	85	80
		3 500	0.000 2	85	80

表 3.18　使用神经网络分类器的五折交叉验证结果

折	1	2	3	4	5	总体
精度	90.9	90.9	90.9	95.5	90.9	91.8

表 3.19　使用 KNN 分类器的分类精度(%)

K 值	5	7	9
训练精度	75	85	75
测试精度	70	80	70

表 3.20　使用 $K=7$ 的 KNN 的五折交叉验证结果

折	1	2	3	4	5	总体
精度	90.9	86.4	86.4	90.9	95.5	90

在获得 K 的最佳值后,我们对 KNN 分类器进行了五折交叉验证,如表 3.20 所示。

表 3.21 和 3.22 总结了采用多数投票法的结果。结果表明,在 SVM 中使用线性核函数,神经网络的隐藏神经元数和迭代次数分别设置为 12 和 3 500,而 KNN 的 K 值为 7 时,这些方法分别得到各自的最高分类精度。最高的训练精度和测试精度分别为 95% 和 90%。

表 3.23 将多数投票法的正确分类率与三个独立分类法进行了比较。结果表明,分类器的融合性能优于单个分类器,最高精度为 92.7%。多数投票法获得的总体精度表现最佳,但也出现了一些错误分类,如图 3.26 所示,其中,左侧样本中的稀疏草被错误分类为稠密草。右边的样本中也出现了相似的错误分类结果,其中稠密草被错误分类为稀疏草。

表 3.21 采用多数投票法的分类精度(%)

实验	SVM	ANN	KNN	训练精度	测试精度
	线性	HN=12,迭代=3 500	7	95	90
1	多项式	HN=10,迭代=3 500	5	85	80
	RBF	HN=15,迭代=1 000	9	80	75
	线性	HN=10,迭代=3 500	9	85	80
2	多项式	HN=15,迭代=1 000	5	80	75
	RBF	HN=12,迭代=3 500	7	85	80
	线性	HN=15,迭代=1 000	5	80	75
3	多项式	HN=12,迭代=3 500	9	80	80
	RBF	HN=10,迭代=3 500	7	80	75

表 3.22 采用多数投票法的五折交叉验证结果

折	1	2	3	4	5	总体
精度	90.9	95.5	90.9	90.9	95.5	92.7

表 3.23 用五折交叉验证比较分类器之间的分类正确率

分类器	总样本数	错分类样本数	正确率(%)
SVM	110	9	91.8
NN	110	9	91.8
KNN	110	11	90
多数投票	110	8	92.7

图 3.26 被错误分类为稠密草(左)和稀疏草(右)的例子

　　上述结果表明,支持向量机和神经网络在训练数据和测试数据上的表现相似,精度分别在90%和85%左右。使用KNN的结果表明,训练数据和测试数据的精确度分别为85%和80%。最后,采用多数投票法对训练数据和测试数据进行分类,分类精度最高,分别为95%和90%。因此,我们可以得出结论,融合多个分类器的多数投票方法比使用单个分类器更适用于路边植被分类。

　　对五折交叉验证结果进行单因素方差分析(ANOVA),将多数投票法与SVM、ANN和KNN进行比较,可以检验多数投票法分类准确性的提高是否具有统计学意义。零假设是多数投票法与个体分类器(H0)分类精度无统计学差异,而对立假设是有显著差异(H1)。p值表示是否应该拒绝零假设而赞成对立假设。

　　表3.24和3.25给出了方差分析试验的结果。从表3.24可以看出,多数投票法的准确性最高。与SVM和KNN相比,它精度的方差更小,但比ANN的方差稍高。由于p值大于表3.25中的0.1,我们可以得出结论,这一批结果在0.1显著性水平下不具有显著性,不能拒绝零假设。因此,虽然多数投票法达到了最高的分类精度,但它与基准方法之间的准确性差异没有统计学意义。

表 3.24　单因素 ANOVA 测试的总结

组	数量	和	平均	方差
SVM	5	459.11	91.822	14.442 17
NN	5	459.05	91.81	4.140 5
KNN	5	449.97	89.994	14.455 38
多数投票	5	463.6	92.72	6.210 75

表 3.25　ANOVA 测试的结果

方差	SS	Df	MS	F	P-值	F-Crit
Between	19.631 4	3	6.543 818	0.666 9	0.584 529	3.238 8
Within	156.995 2	16	9.812 2			
总数	176.626 7	19				

3.6.4　总结

　　在本节中,我们提出了一种基于多数投票的混合方法,用以对自然路边图像中稠密草地和稀疏草地进行分类。原始图像首先经过几个预处理步骤,再进行特征提取。因为稠密草地的像素强度值往往与稀疏草地的像素强度值相差很

大,所以使用基于 LBP 的二值化方法,生成基于直方图的纹理特征,之后,利用
GLCM 算法对每个图像进行纹理特征提取。最后,将三个分类器(即 ANN、
SVM 和 KNN)的结果通过多数投票法进行融合,对稠密草地和稀疏草地进行分
类。本文使用了五折交叉检验方法对草地数据集进行实验,结果表明,多数投票
混合方法的精度优于所有个体分类器,达到 92%。然而,通过方差分析检验,多
数投票方法的结果在统计上没有显著优于使用个别分类器所获得的结果。虽然
实验结果振奋人心,但方法仍有进一步改进的空间。由于没有考虑整个路边图
像,因此仍需要从图像中分割出草地区域。所有的测试数据都是在良好的照明
条件下采集的,因此该方法可能无法应对阴暗和恶劣天气条件等环境的挑战。
上文只考虑了稠密草和稀疏草,仍然有必要在更大的数据集上进行实验,这个数
据集应当包含混合植被(如乔木和灌木)。

3.7 区域合并学习

3.7.1 简介

对象分割可以看作一个区域合并问题,具有相似特征的小区域逐步被合并
为较大的区域,然后每个合并区域都可以被标记为一个类别。大多数现有的区
域合并方法[5,25]首先选择一组在类标签中具有高置信度的初始种子,然后迭
代地将所有像素(或超像素)合并到最相似的相邻种子中。这些方法一般不需要
训练,只要关注测试数据的局部特征,因此适用于自适应对象分类。然而,它们
的一个主要缺点是对初始种子的选择高度依赖,这通常导致在自然条件下的可
靠性较低。现有的解决方案包括基于手动选择初始超像素种子[50]和基于高斯
概率密度函数[25]选择初始像素种子,但这些方法要么受到人为干预,要么计算
负担过重。

本节介绍了一个空间上下文超像素模型(Spatial Contextual Superpixel
Model, SCSM)[51],它结合了基于像素的有监督特定类(class-specific)分类器
和基于超像素的无监督区域合并方法,实现了鲁棒性强的路边对象分割。
SCSM 包括一种自适应的超像素合并算法,它考虑了训练数据中对象的一般特
征和测试图像的局部特征,从而克服了对初始超像素种子的依赖性,例如照明条
件和植被类型(如图 3.27 所示)。SCSM 能够自动适应于测试图像的局部内容,
因此有望取得鲁棒性更强的分类效果。

图 3.27　说明在测试图像中考虑对象(即树叶)局部特征的必要性的图像示例。树叶的两个区域像素强度有很大差异,因此使用从左侧区域提取的特征进行训练,得到的分类系统可能不适用于右侧区域。

3.7.2　区域合并法

3.7.2.1　方法框架

图 3.28 描述了 SCSM 方法的框架[51],该方法将路边图像作为输入,并将图像的每个部分分配到对象类别中。主要有两个处理步骤:

(1)图像被分割成一组超像素,从中提取像素和块选择(Pixel and Patch Selective,PPS)特征,用以训练多种特定类的神经网络分类器。PPS 特征是为减少对象边界的噪声而专门设计的。然后,在考虑多个空间约束模型的情况下,将神经网络分类器所预测的概率聚合到每个超像素内的所有像素上,形成了上下文超像素概率映射(Contextual Superpixel Probability Maps,CSPM)。

(2)超像素分类是基于 CSPM 执行的,将每个超像素分配给一个类别,该类别在超像素内的所有像素上具有最高的平均概率。为了利用相邻超像素之间的局部空间信息和测试图像中的全局上下文信息,本文提出了一种超像素合并方法,以获得低概率的超像素的类别标签。该方法比较了这些低概率的、包含邻域的超像素和一组高概率的种子超像素之间的相似性。这一过程有助于在局部空间邻域中赋予更为一致的类标签,并在整个图像中实现更高的分类精度。

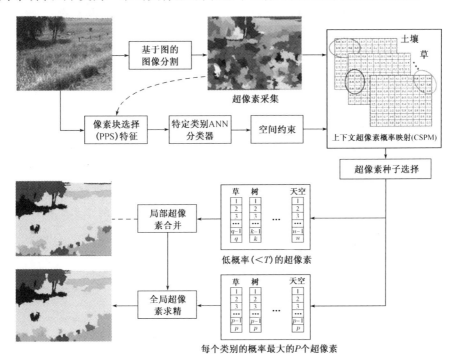

图 3.28 空间上下文超像素模型的框架(SCSM)

3.7.2.2 超像素生成

SCSM 的第一个任务是将输入图像分割成一组局部超像素。这个过程将分类问题的对象从几万个单像素转换成数百个大的同质区域,从而大大降低对象分类过程的复杂性,使其达到一个更易于管理的级别。分割出的超像素为 PPS 特征提取和超像素种子选择奠定了基础。流行的基于图的算法[23]可用以将图像分割成一组超像素,每个超像素只属于一个类。分割后的超像素还考虑了对象之间的视觉差异,并保留大部分的对象边界信息。

3.7.2.3 特征提取

特征提取试图从输入数据中提取一组有识别性的特征,以区分不同的对象类别。本文使用了两种类型的特征:基于像素的特征和基于块的特征,这为产生更健壮的 PPS 特征奠定了基础。

（1）基于像素的特征，分别从单个图像像素中提取。颜色是最广泛使用的基于像素的特征之一，但选择合适的色彩空间仍然是一个挑战。一般建议色彩空间应与人类的色彩感知大致一致，因为人类非常擅长区分物体。换句话说，理想情况下，色彩空间中的同等距离应该对应于人类所感知到的同等色彩差异。因此，我们选择 CIELab 色彩空间，它与人类的视觉感知具有很大的一致性，并且具有很高的对象分类性能[52]。此外，我们还引入了 R、G、B 色彩信道，以补偿 Lab 空间中可能丢失的信息。因此，我们在图像 I 的坐标(x,y)处的像素 $I_{x,y}$ 上获得了基于 6 元素的像素特征向量 $V^I_{x,y}$：

$$V^I_{x,y}=[R,G,B,L,a,b] \tag{3.31}$$

（2）基于块的特征，可以通过考虑像素邻域的统计信息来提取。在实际应用中，相邻像素的空间纹理信息在复杂的目标识别中起着至关重要的作用。在 SCSM 中，基于块的特征是基于色彩矩提取的[53]，它在编码对象的形状和色彩信息方法方面有优势，具有缩放和旋转不变性，并且对光线的变化有很强的鲁棒性。由于大多数色彩分布信息是用低阶矩表示的，所以使用前三个矩，包括平均值、标准偏差和偏斜度。

设 $I_{x,y}$ 为输入图像 I 中位置(x,y)处的像素，$T_{x,y}$ 是以 $I_{x,y}$ 为中心的块，高度 h，宽度 w，τ 是 $T_{x,y}$ 中所有像素的数目，即 $\tau=h\times w$，$I_{i,j}$ 是属于 $T_{x,y}$ 的像素，即 $I_{i,j}\in T_{x,y}$，$I_{x,y}$ 的前三个矩可以表示为：

$$Mean_{x,y} = \frac{1}{\tau} \sum_{i=x-\frac{w}{2}}^{x+\frac{w}{2}} \sum_{j=y-\frac{h}{2}}^{y+\frac{h}{2}} I_{i,j} \tag{3.32}$$

$$Std_{x,y} = \sqrt{\frac{1}{\tau} \sum_{i=x-\frac{w}{2}}^{x+\frac{w}{2}} \sum_{j=y-\frac{h}{2}}^{y+\frac{h}{2}} (I_{i,j} - Mean_{x,y})^2} \tag{3.33}$$

$$Skw_{x,y} = \sqrt[3]{\frac{1}{\tau} \sum_{i=x-\frac{w}{2}}^{x+\frac{w}{2}} \sum_{j=y-\frac{h}{2}}^{y+\frac{h}{2}} (I_{i,j} - Mean_{x,y})^3} \tag{3.34}$$

对 L、a 和 b 中的每个信道提取上述三个矩。

由于色彩矩的计算不考虑像素的坐标，因此在局部邻域捕获空间结构纹理的信息存在问题。为了解决这个问题，还使用了两个附加的特征来表示垂直纹理的方向，包括色块左右两部分的平均值和标准偏差之间的差异。类似地，从上下两部分计算两个附加特征：

$$Mean^{l,r}_{x,y} = \frac{1}{\tau} \Big(\sum_{i=x-\frac{w}{2}}^{x} \sum_{j=y-\frac{h}{2}}^{y+\frac{h}{2}} I_{i,j} - \sum_{i=x}^{x+\frac{w}{2}} \sum_{j=y-\frac{h}{2}}^{y+\frac{h}{2}} I_{i,j} \Big) \tag{3.35}$$

$$Std_{x,y}^{l,r} = \frac{1}{\tau} \left(\sqrt{\sum_{i=x-\frac{w}{2}}^{x} \sum_{j=y-\frac{h}{2}}^{y+\frac{h}{2}} (I_{i,j} - Mean_{x,y}^{l,r})^2} - \sqrt{\sum_{i=x}^{x+\frac{w}{2}} \sum_{j=y-\frac{h}{2}}^{y+\frac{h}{2}} (I_{i,j} - Mean_{x,y}^{l,r})^2} \right)$$

$$(3.36)$$

$$Mean_{x,y}^{t,b} = \frac{1}{\tau} \left(\sum_{i=x-\frac{w}{2}}^{x+\frac{w}{2}} \sum_{j=y-\frac{h}{2}}^{y} I_{i,j} - \sum_{i=x-\frac{w}{2}}^{x+\frac{w}{2}} \sum_{j=y}^{y+\frac{h}{2}} I_{i,j} \right) \qquad (3.37)$$

$$Std_{x,y}^{t,b} = \frac{1}{\tau} \left(\sqrt{\sum_{i=x-\frac{w}{2}}^{x+\frac{w}{2}} \sum_{j=y-\frac{h}{2}}^{y} (I_{i,j} - Mean_{x,y}^{t,b})^2} - \sqrt{\sum_{i=x-\frac{w}{2}}^{x+\frac{w}{2}} \sum_{j=y}^{y+\frac{h}{2}} (I_{i,j} - Mean_{x,y}^{t,b})^2} \right)$$

$$(3.38)$$

　　由于色度分布与彩色图像的分类相关性更强,因此以上四个特征仅适用于 L 波段。像素 $I_{x,y}$ 基于块的特征 $V_{x,y}^T$ 包括:

$$V_{x,y}^T = [V_{x,y}^I, (Mean_{x,y}, Std_{x,y}, Skw_{x,y})^{L,a,b}, (Mean_{x,y}^{l,r}, Std_{x,y}^{l,r}, Mean_{x,y}^{t,b}, Std_{x,y}^{t,b})^L]$$

$$(3.39)$$

　　值得注意的是,$V_{x,y}^T$ 还包括基于 6-D 像素的特征 $V_{x,y}^I$。提取出的基于块的特征有一个重要优点,它们对图像的大小变化保持不变,并且对图像的旋转有高度的鲁棒性。这对道路数据分析至关重要,因为挂载于行驶车辆上的摄像头的抖动、摄像头与对象之间的距离变化,可能会使得现实世界中的对象在图像中呈现出不同的分辨率和旋转角度。因此,这些特性被认为会使现实世界的数据处理更具有鲁棒性。

3.7.2.4　像素概率映射(PPM)

　　对于图像 I 中的每个像素 $I_{x,y}$ 和一组对象类别 C_M,对象分类的任务是生成一个映射函数 $\varphi: I_{x,y} \rightarrow C_M$,从而将每个图像像素分配给一个对象类别。基于从 $I_{x,y}$ 中提取的特征,本部分采用机器学习分类器获取像素概率映射(PPMs),它表示图像像素属于每一个类的似然性。因此,PPMs 用以创建增强的上下文超像素概率映射。

　　传统的方法是建立单个的多类分类器,可以一次对所有类进行分类,该方法的缺点是可能难以区分具有相似视觉外观的对象。本文采用了另一种方案,为每个类分别训练一个特定类别的二元分类器,可以更准确地反映所有像素属于某个具体对象的概率。特定类别的分类器致力于生成一个映射函数,将提取的特征映射到一个单独的类,并将其余类中的特征变化视为第二类。它们在克服特征变化和提高分类性能方面更有效。对于多类分类问题,特定类别的分类器为每个类生成一个 PPM。

我们为每个类训练一个特定类别的二元神经网络分类器。然而,其他流行的分类器,如 SVM,也可以在这里使用。令 C_i 代表第 i 类($i=1,2,\cdots,M$),M 是总类数,像素 $I_{x,y}$ 的特征向量 $V_{x,y}$ 属于 C_i 的概率可以通过第 i 个特定类别的二元神经网络分类器进行预测:

$$p_{x,y}^i = tran(w_i V_{x,y} + b_i) \tag{3.40}$$

其中,$tran$ 表示一个具有 tan-sigmoid 激活函数的三层神经网络,w_i 和 b_i 分别是第 i 类分类器的可训练权重和常量参数。分类器为每个类生成一个概率映射,总共有 M 个映射。图像中的像素 $I_{x,y}$ 与总共 M 个概率相关,每个类有一个:

$$PPM_{x,y} = [p_{x,y}^1, p_{x,y}^2, \cdots, p_{x,y}^M] \tag{3.41}$$

3.7.3　方法的组件

本节描述了 SCSM 方法的三个主要组件,包括 PPS 特征、上下文超像素概率映射和超像素增长。

3.7.3.1　像素块选择(PPS)特征

PPS 特征被设计用以处理区域边界问题。它们自适应地选择基于像素或基于块的特征,以便基于分割出的超像素对所有像素进行分类。它们基于这样的观察,即从对象边界周围的一个块中提取特征时,不可避免地会在提取的特征集中引入一定程度的干扰,虽然基于像素的特征通常不会受到此问题的影响,但它们无法捕获具有识别性的纹理特征。因此,希望能够设计出一种特征提取方法,可以根据当前像素是边界还是非边界,自动选择提取像素或基于块的特征。

问题是如何确定边界或非边界像素?幸运的是,分割出的超像素为高度同质区域提供了清晰的划分,形成其边界的像素可以近似地视为边界像素。给定所有超像素的边界坐标,对于具有固定大小(如 7×7 像素)的块,图 3.29 提出了一种将所有像素分为边界和非边界像素的方法。非边界内部像素被定义为距离超像素边界至少一半的块高度(或宽度)的像素,在这种情况下,基于块的特征可以在没有任何噪声的情况下准确提取。图像边界中的像素以相同的方式确定。像素 $I_{x,y}$ 的 PPS 特征通过以下方式获得:

$$PPS_{x,y} = \begin{cases} V_{x,y}^I, & \text{if } I_{x,y} \in \text{boundary pixel} \\ V_{x,y}^T, & \text{if } I_{x,y} \in \text{non-boundary pixel} \end{cases} \tag{3.42}$$

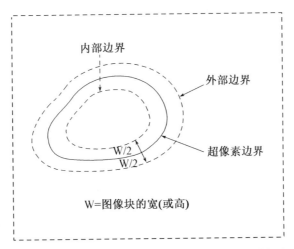

图 3.29　确定边界与非边界像素的图示。对于分割出的超像素,距离该超像素的边缘大小为块高度(或宽度)的一半,被设置为内部边界和外部边界。内外边界之间区域内的所有像素均被视为边界像素,而内部边界内的像素均为非边界像素。

3.7.3.2　上下文超像素概率映射(CSPM)

利用基于 PPS 特征的特定类别的人工神经网络分类器,可以得到所有类别的像素概率映射(PPMs)。神经网络分类器的一个缺点是,它们不考虑上下文空间信息,而是分别处理每个单独的像素。在自然场景中,由于视角和场景内容的大量变化,对象的几何位置在不同的图像之间可能会有很大的差异,这使得统计模型(例如高斯模型和图模型[54])很难学习出可以在测试数据上鲁棒性高的对象空间分布。对于安装在行驶车辆上的左侧摄像头所捕捉的路边图像,得益于摄像头是事先固定好视角的,图像中特定对象的位置可以获取先验知识。例如,天空不太可能出现在图像的底部,而树木不可能出现在图像的顶部。因此,这种上下文空间信息可以用来改进 PPMs。

三个简单的上下文模型被分别用于三个对象,即道路、天空和树。之前的研究[55-58]基于类间的相对空间关系生成了上下文相关的概率空间模型,这些方法完全舍弃了图像中的绝对空间坐标。与这些方法不同,SCSM 方法首先将对象置于被均匀划分的空间块中,再基于对象在空间块中位置的先验信息,SCSM 生成了上下文模型,因此保持了相对空间关系和绝对空间关系的平衡。图 3.30 说明了权值 w_c 的分布,根据测试图像中像素的 (x, y) 坐标,$c \in \{$天空;道路;树$\}$,公式(3.41)可被修改为:

$$PPM_{x,y} = [w_1 p_{x,y}^1, w_2 p_{x,y}^2, \cdots, w_M p_{x,y}^M] \tag{3.43}$$

公式中，w_i 为第 i 类的权重。虽然上下文模型很简单，但是它们在纠正 SCSM 中的错误分类方面是非常有效的。

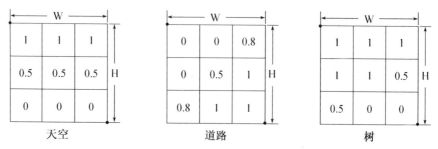

图 3.30 赋予天空、道路和树的概率权重的分布，取决于高度×宽度（H×W）像素的图像中像素(x,y)坐标。坐标从左上角的$(0,0)$到右下角的(H,W)。

以上所有步骤都是在像素级别执行的，我们提出的 CSPMs 可以在超像素级别进行分类。CSPMs 是通过将每个超像素内所有像素的概率进行聚合而得到的。对于输入图像 I，使用基于图的算法[23]将其分割成 N 个超像素，即 $S = [S_j], j = 1, 2, \cdots, N$，第 j 个超像素为 S_j。对于所有像素 $I_{x,y} \in S_j$，使用以下公式计算第 i 类的相应 CSPM：

$$CSPM_j^i = \frac{1}{\tau_j} \sum_{I_{x,y} \in S_j} w_i p_{x,y}^i \tag{3.44}$$

其中，τ_j 是 S_j 中的像素 $I_{x,y}$ 的数目。因此，对于每个类和每个超像素，生成的 CSPMs 仅由一个概率组成：

$$CSPM_j = [CSPM_j^1, CSPM_j^2, \cdots, CSPM_j^M] \tag{3.45}$$

上述方法对每一类超像素中的所有像素的概率进行聚合，该方法类似于在像素池上进行决策级别的多数投票法，这对消除分类错误和提高性能起到了重要作用。

3.7.3.3 上下文超像素合并

该部分介绍了一种上下文超像素合并算法，可用于超像素分类，该算法利用了相邻超像素之间的局部空间相关性及每个超像素和类标签之间的全局上下文约束。现有的区域合并方法从在类概率中具有高置信度的初始种子处开始增长，与之不同的是，上下文超像素合并算法以相反的方式增长超像素，它在 CSPMs 中选择概率较低的超像素，并基于两个局部的和一个全局的空间约束迭代地将它们合并到相邻区域：

局部约束 1：Q 是超像素 S_j 的邻域，计算 Q 和 Q 的所有邻域之间的相似度，

当 S_j 和 Q 的相似度最高时, Q 接受 S_j。

局部约束 2: Q 是超像素 S_j 的邻域,计算 S_j 与 S_j 的所有邻域的相似性, S_j 与 Q 具有最高的相似性时, S_j 接受 Q。

说明:该条件强制实施了一个局部空间约束,即只有相邻的超像素可以合并,并且它们彼此是最近的邻域。如果一个孤立的超像素的类标签和其邻域不相同,这种双重检查可防止将该超级像素和邻域进行合并。

全局约束:计算 S_j 和所有类的相似性,当类别 C 具有最高的相似性时,类别 C 接受超像素 S_j。

说明:这是机器学习中的常见知识,因为同一类别的超像素应该在特征空间中彼此靠近,不同类别的超像素距离应当较远。

超像素合并算法包括四个步骤:

(1) 计算超像素之间的相似性。直方图是衡量图像相似性最广泛采用的指标之一。它们收集图像上特征的出现频率,从而对噪声和对象的变动具有鲁棒性。SCSM 方法使用词袋模型特征的直方图表示每个超像素的外观。通过对基于像素的特征进行 K-均值聚类,计算出视觉词汇词典,即训练数据集中的 $V^I = [R, G, B, L, a, b]$。之后,基于欧几里得距离,可以将测试图像中超像素 S_j 中像素 $I_{x,y}$ 的基于像素的特征 $V_{x,y}^I$ 量化为 K 个聚类词 $W = [W^i], i = 1, 2, \cdots, K$ 中的一个:

$$x I_{x,y} \in W^i \text{ if } E(V_{x,y}^I, W^i) = \min_{i=1,2,\cdots,K} \left(\sum_{\gamma=1}^{\pi} \sqrt{(V_{x,y,\gamma}^I - W_\gamma^i)^2} \right) \quad (3.46)$$

其中, $V_{x,y,\gamma}^I$ 是 $V_{x,y}^I$ 的第 γ 个元素, W_γ^i 是 W^i 的第 γ 个元素, $1 \leqslant \gamma \leqslant \pi$, π 是 $V_{x,y}^I$ 中元素的长度,然后将 S_j 中的所有像素聚合到 K 直方图的箱(bin)中:

$$H_{S_j}^i = \sum_{I_{x,y} \in S_j} W^i \quad (3.47)$$

$$H_{S_j} = [H_{S_j}^1, H_{S_j}^2, \cdots, H_{S_j}^K] \quad (3.48)$$

其中, $H_{S_j}^i$ 是直方图 H_{S_j} 的第 i 个桶,之后,可以对所有的箱进行归一化处理:

$$\hat{H}_{S_j} = [\hat{H}_{S_j}^1, \hat{H}_{S_j}^2, \cdots, \hat{H}_{S_j}^K] = [\hat{H}_{S_j}^1/U, \hat{H}_{S_j}^2/U, \cdots, \hat{H}_{S_j}^K/U] \quad (3.49)$$

$$U = \sum_{i=1}^{K} H_{S_j}^i \quad (3.50)$$

对于小分辨率的超像素,生成的直方图可能非常稀疏,只包含少数非零元素。因此,通常建议将 K 设为较小的值。然后,对归一化的直方图 $\hat{H}_{S_j}$ 和 $\hat{H}_{S_k}$ 计算巴特查理亚(Bhattacharyya)系数 $B(S_j, S_k)$,用以测量两个超像素 S_j 和 S_k 之间的相似性：

$$B(S_j, S_k) = \sum_{i=1}^{K} \sqrt{\hat{H}_{S_j}^i * \hat{H}_{S_k}^i} \tag{3.51}$$

$B(S_j, S_k)$ 越高，S_j 和 S_k 之间的相似性越高。在现有的 χ^2 和欧几里得距离等统计指标中，选择巴特查理亚系数是因为它反映了区域之间的感知相似性，并在区域合并时显示出了良好的性能[50]。

（2）选择超像素种子。在 CSPMs 中分别选择两组低概率和高概率的超像素种子。高概率种子用于高置信区域，可以反映测试图像中对象的局部特性；而低概率种子则是候选超像素，应当被合并给它们的邻域。对于第 j 个超像素 S_j，即 $S_j \in S$，在 CSPMS 中，其 M 类的概率可用（3.44）计算，并且，所有类中的最高值表示 S_j 最可能属于该类：

$$p_j = \max_{i=1,\cdots,M} CSPM_j^i \tag{3.52}$$

通过将阈值 T 设置为（3.52），可以从所有超像素中选择出一组类概率置信度较低的超像素种子：

$$S_j \in Seed_i^l \text{ if } p_j < T \text{ for class } C_i \tag{3.53}$$

较高的 T 表示合并过程中将包含更多的超像素。选择每个类 p_j 值最高的 P 个超像素作为高置信度的超像素种子。如果类的超像素数小于 P，则仅选择可用的超像素：

$$S_j \in Seed_i^h \text{ if } p_j \in top\ p \text{ for class } C_i \tag{3.54}$$

（3）合并本地超像素。局部超像素合并算法将低置信度的超像素种子（3.53）合并到它们最相似的相邻超像素中，这些相邻超像素已经被标记出类别。为此，许多现有的方法直接比较每个种子与其所有相邻种子的相似性，然后选择具有最高相似性的相邻种子。这些方法基本上是基于种子要合并到哪个邻域的信息，但它们可能会产生不全面的决定，因为它们不考虑种子的所有邻域中更大的上下文邻域信息（例如，种子的邻域愿意"接受"它吗？）。因此，采用另一种算法来进行双重检查：种子及其邻域是否愿意接受彼此。该算法将超像素之间的相似性比较扩展到更大的上下文中，从而使分类效果更加健壮。

该算法由两个步骤组成：

（a）将超像素种子的所有邻域与其相邻的超像素进行比较，以确定哪些邻域愿意"接受"该种子。该过程迭代地比较每个种子的所有邻域和它们的相邻超像素，并且，观察在种子邻域的所有相邻超像素中，该种子是否是最相似的超像素，以此决定是否接受该种子。

对于 C_i 类的超像素种子 $S_j \in Seed_i^l$，设 $\overline{M_j} = [M_v]$，$v = 1, 2, \cdots, V$ 为 S_j 的相

邻超像素集，M_v 为 $\overline{M}_j$ 的第 v 个成员。显然，M_v 是 S_j 的相邻超像素，设 $\overline{Q}_{M_V} = [Q_\varphi]$，$\varphi = 1,2\cdots,Q$ 为 M_v 的相邻超像素集，Q_φ 为 $\overline{Q}_{M_V}$ 的第 φ 个成员。M_v 和 Q_φ 的相似性可以用(3.51)即 $B(M_v,Q_\varphi)$ 表示。因为 S_j 是 $\overline{Q}_{M_V}$ 的成员，如果 M_v 和 S_j 之间的相似性 $B(M_v,S_j)$ 在所有 $B(M_v,Q_\varphi)$，$\varphi = 1,2\cdots,Q$ 中最高，那么我们将 M_v 标记为接受 S_j 的邻域，并将 M_v 添加到集合 $\overline{A}_j$ 中。使用以下方法完成：

$$\overline{A}_j = \overline{A}_j \bigcup M_v \ \text{if} \ B(M_v,Q_t) = \max_{\varphi = 1,2,\cdots,Q} B(M_v,Q_\varphi) \ \text{and} \ Q_t = S_j \quad (3.55)$$

其中，$\overline{A}_j$ 代表接受 S_j 的 S_j 的一组邻域，$1 \leqslant t \leqslant Q$。"max"操作对 M_v 的所有相邻超像素执行迭代检查，只有当 M_v 的所有相邻超像素中 S_j 与 M_v 具有最大相似性时，才能确定 M_v 愿意接受 S_j。

上述过程对 $\overline{M}_j$ 中的所有成员重复。接受 S_j 的整个邻域 $\overline{A}_j$ 是通过以下方式形成的：

$$\overline{A}_j = \bigcup_{v=1,2,\cdots,V} M_v \quad (3.56)$$

s. t. $M_v \in \overline{M}_j$ 和 M_v 满足(3.55)。

（b）比较每个种子与其所有接受的邻域的相似性，以确定哪个邻域愿意与其合并。如果有多个邻域愿意接受种子，则只将与种子最相似的邻域合并到其中。通过对 S_j 与 $\overline{A}_j$ 中的所有成员进行相似性比较，选择 $\overline{A}_j$ 中具有最高相似值的 S_j 的邻域 A_r 完成此过程：

$$A_r \ \text{if} \ B(S_j,A_r) = \max_{l=1,2,\cdots,L;A_l \in \overline{A}_j} B(S_j,A_l) \quad (3.57)$$

其中，A_l 是 $\overline{A}_j$ 的第 l 个成员，L 是 $\overline{A}_j$ 中的所有成员的数目，$1 \leqslant r \leqslant L$。"max"操作设置了一个严格的规则，即种子 S_j 只合并到最同质的邻域中，因此，错误分类被降低到最低程度，并且在较大的邻域中考虑了超像素之间的上下文信息。当没有邻域愿意接受 S_j 时，使用(3.52)确定 S_j 的标签。

（4）全局超像素优化。上面的无监督超像素合并实际上只考虑了一个超像素与其在一个局部邻域中的邻域之间的空间相关性。它不考虑测试图像中的全局上下文信息，这些信息在不同的图像中可能有很大的差异。为了在测试图像中利用这些上下文信息，我们使用(3.54)中的 ANN 分类器所预测出的、高置信度的超像素种子。

假设 $S_u \in Seed_i^h$，$u=1,2,\cdots,P$ 是(3.54)C_i 中第 i 类的第 u 个、具有高置信度的超像素，其 K 个直方图特征使用以下公式计算：

$$H_{S_u} = [H_{S_u}^1, H_{S_u}^2, \cdots, H_{S_u}^K] \quad (3.58)$$

将每个直方图的箱聚集到 C_i 的所有 P 超像素上：

$$H_{C_i} = \left[\sum_{S_u \in Seed_i^h} H_{S_u}^1, \sum_{S_u \in Seed_i^h} H_{S_u}^2, \cdots, \sum_{S_u \in Seed_i^h} H_{S_u}^K \right] \tag{3.59}$$

使用(3.49)和(3.50)可以将 C_i 的全局直方图特征 H_{C_i} 转换为标准化的直方图 $\hat{H}_{C_i}$。然后使用(3.51)计算超像素种子 S_j 和 $\hat{H}_{C_i}$ 之间的相似性 $B(S_j, \hat{H}_{C_i})$。

假设使用(3.57)将 S_j 合并到 A_r，A_r 属于第 z 类，即 $A_r \in C_z$，$1 \leqslant z \leqslant M$，$S_j$ 与所有 $\hat{H}_{C_i}$ 类的相似性中，S_j 与 $\hat{H}_{C_i}$ 的相似性最高。

$$A_r = A_r \cup S_j \text{ if } B(S_j, \hat{H}_{C_z}) = \max_{i=1,2,\cdots,M} B(S_j, \hat{H}_{C_i}) \tag{3.60}$$

种子超像素 S_j 通过将同一类类别分配给 C_z，最终合并到 A_r 中，即 $S_j \in C_z$。

上面的超像素求精过程实现了全局约束，属于同一个类的超像素种子们应当具有较高的相似度，属于不同类的超像素应当具有相对较低的相似度。

算法 3.1 中简述了整个算法。

算法 3.1 超像素合并的空间约束

输入：获取初始超像素 $S_j \in S$。

输出：将所有的超像素标记到一个类。

第一步：初始种子选择：

通过设定 T 和 P，取出 $S_j \in Seed_i^l$ 和 $S_u \in Seed_i^h$。

For 每个超像素 $S_j \in Seed_i^l$。

　　第二步：局部超像素合并：

　　For 与 S_j 相邻的每个超像素，例如 $M_v \in \overline{M_j}$。

　　　　For 与 M_v 相邻的每个超像素，例如 $Q_\varphi \in \overline{Q_{M_v}}$。

　　　　　　计算 M_v 和 Q_φ 的相似度，例如 $(B(M_v, Q_\varphi))$。

　　　　End

　　　　找到和 M_v 最为相似的相邻超像素：

　　　　　　Q_t, If $B(M_v, Q_t) = \max_{\varphi=1,2,\cdots,Q} B(M_v, Q_\varphi)$

　　　　If $Q_t = S_j$，M_v 接受 S_j，并将 M_v 加入集合 $\overline{A_j}$ 中；

　　　　Else M_v 不接受 S_j

　　End

　　For 每一个接收 S_j 的相邻超像素，如 $A_l \in \overline{A_j}$。

　　　　计算 S_j 和 A_l 的相似度，如 $B(S_j, A_l)$。

　　End

找到和 S_j 最为相似的邻接超像素：

$$A_r, \text{ if } B(S_j, A_l) = \max_{l=1,2,\cdots,L} B(S_j, A_l)$$

If $A_r \neq \varphi, S_j$ 接受 A_r；

Else S_j 仍然使用原先的标签。

第三步:全局超像素求精:

For 每一个类 $C_i \in \overline{C}$

使用 $S_u \in Seed_i^h$ 获取 C_i 的全局特征：

$$H_{C_i} = \left[\sum_{S_u \in Seed_i^h} H_{S_u}^1, \sum_{S_u \in Seed_i^h} H_{S_u}^2, \cdots, \sum_{S_u \in Seed_i^h} H_{S_u}^K \right]$$

计算 S_j 和归一化的 H_{C_i} 之间的相似度

End

找到和 S_j 最为相似的类：

$$C_z \text{ if } B(S_j, \hat{H}_{C_z}) = \max_{i=1,2,\cdots,M} B(S_j, \hat{H}_{C_i})$$

If $A_r \in C_z, S_j$ 被合并入 A_r；

Else S_j 仍然使用原先的标签。

End

3.7.4　实验结果

本文在裁切路边对象数据集、自然路边对象数据集和斯坦福背景基准数据集上对 SCSM 的性能进行评估。

3.7.4.1　实施细节和参数设置

基于图的算法的参数遵从了[24]中建议的设置，即在 320×240 像素的图像尺寸上，$\sigma=0.5, k=80, min=80$。特定类的 ANN 分类器是在裁切后的路边对象数据集上进行训练的。为了确保所有分类器的训练数据相等，从每个裁切区域的随机位置选择 80 个像素。人工神经网络有三层，使用 Levenberg-Marquardt 反向传播算法进行训练，即全局误差为 0.001，最大轮数为 500，学习率为 0.01。输入层由基于像素和基于块的特征组成，分别有 6 个和 19 个神经元。块的大小设置为 7×7 像素。K-均值聚类的 K 设置为 40。该程序是在一台 4 GB 内存和 2.4 GHz CPU 的笔记本电脑上使用 Matlab 开发的。

评估指标:SCSM 方法的性能通过两个指标来衡量:在所有测试图像上的所

有像素的总精度;对分类结果和地面真值之间进行逐像素的比较,得到对所有对象类的类平均精度。实验中,使用了四折随机交叉验证,并使用在所有验证集上的平均精度作为结果。在每次验证中,随机选择每个类的 75% 的裁切区域进行训练,其余 25% 用于测试。

3.7.4.2　裁切路边对象数据集上的分类结果

图 3.31 和表 3.26 展示了使用基于像素/块特征的七个对象的分类精度,通

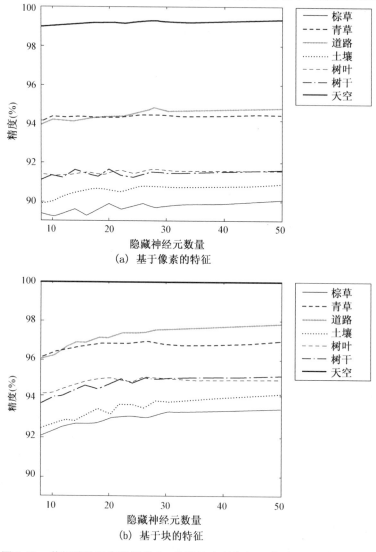

（a）基于像素的特征

（b）基于块的特征

图 3.31　裁切路边对象数据集上,分类精度(%)与隐藏神经元的数量的关系。对于所有的对象,基于块的特征优于基于像素的特征。

过特定类的神经网络分类器获得。这些结果是基于像素级别的分类结果，没有进行超像素合并。除了精度接近 90% 的棕色草之外，在所有基于像素和基于块的特征上，对象的分类都能得到 90% 以上的精度。对于所有类别，基于块的特征的精度比基于像素的特征高出约 2%，这证实了在空间局部块中使用纹理特征会产生更为精确的分类。然而，所有类的精度排名几乎不受使用像素或基于块的影响，这表明，在对所有类进行分类时，遇到的困难是一致的、内在的。天空有超过 99% 的精度，是最容易正确分类的对象，而棕色的草和土壤的分类是最困难的。使用隐藏神经元数量对结果影响不大，更多的隐藏神经元只会略微提高性能。

3.7.4.3　自然路边对象数据集的分类结果

图 3.32 显示了自然路边对象数据集的总体精度。性能比较使用了七种方法，包括带或不带空间限制的、基于像素的特征（即像素- C 和像素- NC），带或不带空间约束的、基于块的特征（即 Patch-C 和 Patch-NC），带或不带空间限制的 PPS 特征（即 PPS-C 和 PPS-NC）以及 SCSM 模型。从图中可以看出，在利用空间限制时，三种特征（包括基于像素的、基于块的和 PPS 的特征）的总体精度都大大提高。对于带或不带空间约束的两种情况，PPS 特征的总体精度高于基于块和基于像素的特征的精度。这证实了我们的预期，即 PPS 特征考虑了超像素之间区域边界处引入的噪声。与裁切数据集的结果不同，基于像素的特征比基于块的特征稍微好一些，这可能是因为后者在对边界区域中的对象进行分类时更容易混淆。SCSM 方法显著优于所有基准方法，确认了在超像素合并过程中整合局部和全局上下文约束的重要性。

表 3.26　路边对象数据集上基于像素与块特征的分类精度（标准偏差%）

特征	棕色草	绿色草	路	土壤	树叶	树干	天空
块	93.0±0.2	96.8±0.2	97.4±0.2	93.7±0.2	94.8±0.1	94.7±0.3	99.9±0.0
像素	89.8±0.2	94.5±0.1	94.5±0.1	90.7±0.3	91.4±0.3	91.3±0.4	99.2±0.1

我们还研究了 SCSM 方法对(3.53)中的阈值 T 和(3.54)中 P 的敏感性。T 控制具有低置信度且需要合并的超像素的数量。如果 T 减少到 0，则不合并超像素；如果 T 等于 1，则所有超像素都由合并算法处理。P 控制了具有高置信度的超像素，代表了所有类的全局约束。实验结果表明，$T=0.5$ 时产生最佳结果，而合并较少或更多的超像素对结果影响不大。使用 $P=[1,3,5,7]$ 的分类结果几乎相同，表明每个类使用的最好超像素的数量对 SCSM 方法的性能影响很小。

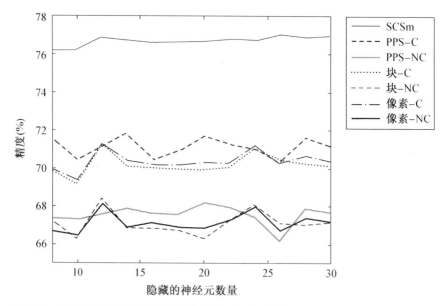

图 3.32　自然路边物体数据集上各种方法之间的总体精度比较。SCSM 优于所有基准方法。所有类别中,基于块的特征显示出比基于 PPS 和像素的特征更高的精度。

　　表 3.27 显示了 SCSM 方法的分类精度。与裁切路边对象数据集的结果相似,天空是最容易分类的对象,精度为 97.4%,而土壤是最难分类的对象,精度仅为 50.2%。相当一部分(41.7%)的土壤像素被误分类为棕色草,可能是因为它们有相似的黄色。此外,我们还观察到光线变化导致土壤和棕色草像素之间的混淆。棕色草和绿色草也容易被错误分类,因为即使对于人类的眼睛来说,区分它们也很困难。道路也容易被误分类为土壤。

表 3.27　自然路边对象数据集熵,使用 SCSM 方法得到的六个类别的混淆矩阵

	棕草	绿草	路	土	树	天空
棕草	**74.5**	13.8	2.0	5.5	4.2	0.0
绿草	10.2	**79.0**	2.8	0.7	7.3	0.0
路	8.4	0.5	**78.0**	12.7	0.4	0.0
土	41.7	6.0	1.5	**50.2**	0.6	0.0
树	6.3	6.0	2.4	0.7	**79.8**	4.8
天空	0.2	0.0	1.1	0.3	0.9	**97.4**

总体精度=77.4%,隐藏神经元数量=26,$T=0.5$,$P=5$,黑体数字表示每个对象的分类精度

图 3.33 比较了在使用不同类型特征时一组样本的分类结果。总之,PPS 特征与基于像素的特征具有相似的结果,但是它们能够纠正一些分类错误。SCSM 方法通过对超像素级别实施空间约束来产生最平滑和最精确的结果。我们还分析了失败案例,针对自然路边目标分类的困难因素提出了有益的见解,这对进一步改进 SCSM 方法非常重要。我们分析发现,在棕色草和土壤(也包括树木)之间存在大量的错误分类,并且物体的阴影也导致了棕色草像素在道路和树木中的明显错误分类。图像显示,对象之间的颜色相似性和不同的光线条件对结果的影响显著。因此,在实际条件下,对路边植被进行分类时应特别注意这些情况。

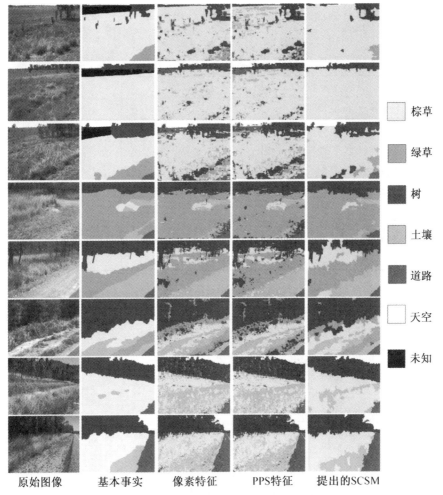

棕草

绿草

树

土壤

道路

天空

未知

原始图像　　基本事实　　像素特征　　PPS特征　　提出的SCSM

图 3.33　基于像素特征、PPS 特征的方法与 SCSM 方法的分类结果比较。SCSM 产生的结果比使用像素或 PPS 特征的方法所产生的结果一致性更强。

3.7.4.4　斯坦福背景数据分类结果

　　尽管 SCSM 模型是为路边对象分类而设计的,但是经过简单的修改,它可以很容易地用于各种场景数据中的一般对象分类,这可以通过忽略路边图像中专门用于道路、天空和树的三个上下文模型来实现,在计算 CSPMs 时,为所有对象设定一个相等的概率权重。

　　表 3.28 将 SCSM 的性能与斯坦福背景数据集上最先进方法的性能进行了比较。按照常用的评估程序[59]进行五折交叉验证,在每个交叉验证中,随机选择 572 幅图像进行训练,其余 143 幅图像进行测试。为了公平比较,实验中使用了相同的切分过的超像素集,以及相同的超像素级别的色彩、纹理和几何特征[59]。我们可以看到,SCSM 比方法[59]具有更高的分类精度,并且产生的精度与最先进的方法相当。

表 3.28　斯坦福背景数据集上的方法和最先进方法的性能比较(%)

引文	总体精度	分类精度
Gould et al. [59]	76.4	—
Munoz et al. [60]	76.9	66.2
Tighe et al. [61]	77.5	—
Socher et al. [62]	78.1	—
Kumar et al. [63]	79.4	—
Lempitsky et al. [64]	81.9	72.4
Farabet et al. [65]	81.4	76
SCSM	77.5	68.8

表 3.29　斯坦福背景数据集上八个类别的混淆矩阵

	天空	树	路	草	水	建筑	山	前景
天空	**94.0**	2.5	0.1	0.0	0.3	2.1	0.5	0.5
树	5.2	**69.8**	1.0	3.5	0.3	14.8	1.8	3.6
路	0.2	0.6	**89.3**	0.9	2.6	2.2	0.4	3.8
草	0.3	6.3	4.0	**81.0**	2.3	1.9	2.7	1.5
水	2.4	0.8	21.8	3.1	**59.1**	4.2	3.9	4.7
建筑	2.7	6.0	3.3	0.7	0.5	**78.7**	1.1	7.0
山	6.1	20.4	7.0	7.2	3.9	25.1	**23.0**	7.3
前景	2.5	5.2	11.2	2.3	1.8	20.4	1.1	**55.5**

注:隐藏神经元数量=16,T=0.35,P=5,黑体数字表示每个对象的分类精度

表 3.29 中八个类别的混淆矩阵表明,山和水是最难进行正确分类的两个对象,而天空是最容易分类的对象,精度为 94%。研究结果与以往的研究结果一致[59,60],其中天空和山脉的精度分别为 92% 和 14%。由于颜色和质地的相似性,山和水更容易被误归类为建筑和道路。

3.7.5　总结

该部分提出了空间上下文超像素模型(Spatial Contextual Superpixel Model,SCSM),一种在自然路边图像中进行对象分类的算法。在对区域边界进行基于块的特征提取时,引入 PPS 特征来处理干噪声。通过融合特定类别的 ANN 分类器和上下文模型进行对象分类,得到了上下文类别概率映射,并在超像素上进一步聚合,得到分类结果。之后,采用超像素合并策略,通过将置信度较低的超像素合并到最相似的邻域中来求精结果。实验结果表明,SCSM 在裁切后的路边对象、自然路边对象和斯坦福背景数据上的精度分别达到 90%、77.4% 和 77.5% 以上。SCSM 优于基于像素或块的特征,证实了在超像素级别考虑局部和全局空间上下文信息有利于对象分类。

SCSM 还可从以下几个方面进行扩展。(1)用于 ANN 分类的色彩和纹理特征没有考虑到它们各自的贡献。可以采用特征选择过程来为每个对象选择最重要特征的子集,以创建特定类的特征。(2)如果使用其他分类器,如支持向量机和集成分类器,而不是人工神经网络,仍然有可能进一步提高性能。(3)相似性度量仅使用色彩特征的直方图计算,因此一个可能的改进措施是添加纹理特征,例如基于基元特征的过滤库[15]。

参考文献

1. W. S. McCulloch, W. Pitts, A logical calculus of the ideas immanent in nervous activity. Bull. Math. Biophys. 5, 115 – 133 (1943)

2. J. Schmidhuber, Deep learning in neural networks: an overview. *Neural Networks* 61, 85 – 117 (2015)

3. L. Zhang, B. Verma, D. Stockwell, Roadside vegetation classification using color intensity and moments, in *the 11th International Conference on Natural Computation*, 2015, pp. 1250 – 1255

4. N. W. Campbell, B. T. Thomas, T. Troscianko, Automatic segmentation and classification of outdoor images using neural networks. Int. J. Neural Syst. 08, 137 – 144 (1997)

5. D. V. Nguyen, L. Kuhnert, K. D. Kuhnert, Spreading algorithm for efficient

vegetation detection in cluttered outdoor environments. Robot. Auton. Syst. 60, 1498 – 1507 (2012)

6. K. E. A. Van De Sande, T. Gevers, C. G. M. Snoek, Evaluating color descriptors for object and scene recognition. IEEE Trans. Pattern Anal. Mach. Intell. 32, 1582 – 1596 (2010)

7. F. Mindru, T. Tuytelaars, L. V. Gool, T. Moons, Moment invariants for recognition under changing viewpoint and illumination. Comput. Vis. Image Underst. 94, 3 – 27 (2004)

8. C. C. Chang, C. J. Lin, Libsvm: a library for support vector machines, 2001. Software available at http://www. csie. ntu. edu. tw/cjlin/libsvm, 2001

9. C. J. C. Burges, A tutorial on support vector machines for pattern recognition. Data Min. Knowl. Disc. 2, 121 – 167 (1998)

10. Z. Qi, Y. Tian, Y. Shi, Robust twin support vector machine for pattern classification. Pattern Recogn. 46, 305 – 316 (2013)

11. S. Chowdhury, B. Verma, M. Tom, M. Zhang, Pixel characteristics based feature extraction approach for roadside object detection, in *International Joint Conference on Neural Networks (IJCNN)*, 2015, pp. 1 – 8

12. P. Jansen, W. Van Der Mark, J. C. Van Den Heuvel, F. C. A. Groen, Colour based off-road environment and terrain type classification, in *Intelligent Transportation Systems*, 2005, pp. 216 – 221

13. J. Malik, S. Belongie, T. Leung, J. Shi, Contour and texture analysis for image segmentation. Int. J. Comput. Vis. 43, 7 – 27 (2001)

14. M. R. Blas, M. Agrawal, A. Sundaresan, K. Konolige, Fast color/texture segmentation for outdoor robots, in *IEEE/RSJ International Conference on Intelligent Robots and Systems (IROS)*, 2008, pp. 4078 – 4085

15. J. Winn, A. Criminisi, T. Minka, Object categorization by learned universal visual dictionary, in *Tenth IEEE International Conference on Computer Vision (ICCV)*, 2005, pp. 1800 – 1807

16. J. Shotton, J. Winn, C. Rother, A. Criminisi, Textonboost for image understanding: multi-class object recognition and segmentation by jointly modeling texture, layout, and context. Int. J. Comput. Vis. 81, 2 – 23 (2009)

17. J. Shotton, M. Johnson, R. Cipolla, Semantic texton forests for image categorization and segmentation, in *IEEE Conference on Computer Vision and Pattern Recognition (CVPR)*, 2008, pp. 1 – 8

18. L. Zhang, B. Verma, D. Stockwell, Class-semantic color-texture textons for vegetation classification, in *Neural Information Processing*, 2015, pp. 354 – 362

19. Z. Haibing, L. Shirong, Z. Chaoliang, Outdoor scene understanding using Sevi-Bovw model, in *International Joint Conference on Neural Networks* (*IJCNN*), 2014, pp. 2986 - 2990

20. D. Comaniciu, P. Meer, Mean shift: a robust approach toward feature space analysis. IEEE Trans. Pattern Anal. Mach. Intell. 24, 603 - 619 (2002)

21. D. Yining, B. S. Manjunath, Unsupervised segmentation of color-texture regions in images and video. IEEE Trans. Pattern Anal. Mach. Intell. 23, 800 - 810 (2001)

22. R. Xiaofeng, J. Malik, Learning a classification model for segmentation, in *Ninth IEEE International Conference on Computer Vision* (*ICCV*), 2003, pp. 10 - 17 116 3 Non-deep Learning Techniques for Roadside Video Data Analysis

23. P. Felzenszwalb, D. Huttenlocher, Efficient graph-based image segmentation. Int. J. Comput. Vis. 59, 167 - 181 (2004)

24. C. Chang, A. Koschan, C. Chung-Hao, D. L. Page, M. A. Abidi, Outdoor scene image segmentation based on background recognition and perceptual organization. IEEE Trans. Image Process. 21, 1007 - 1019 (2012)

25. A. Bosch, X. Muñoz, J. Freixenet, Segmentation and description of natural outdoor scenes. Image Vis. Comput. 25, 727 - 740 (2007)

26. Y. Kang, K. Yamaguchi, T. Naito, Y. Ninomiya, Multiband image segmentation and object recognition for understanding road scenes. IEEE Trans. Intell. Trans. Syst. 12, 1423 - 1433 (2011)

27. Y. Lecun, L. Bottou, Y. Bengio, P. Haffner, Gradient-based learning applied to document recognition. Proc. IEEE 86, 2278 - 2324 (1998)

28. L. Zheng, Y. Zhao, S. Wang, J. Wang, Q. Tian, Good practice in CNN feature transfer, *arXiv preprint* arXiv:1604.00133, 2016

29. I. Harbas, M. Subasic, CWT-based detection of roadside vegetation aided by motion estimation, in *5th European Workshop on Visual Information Processing* (*EUVIP*), 2014, pp. 1 - 6

30. I. Harbas, M. Subasic, Motion estimation aided detection of roadside vegetation, in *7th International Congress on Image and Signal Processing* (*CISP*), 2014, pp. 420 - 425

31. I. Harbas, M. Subasic, Detection of roadside vegetation using features from the visible spectrum, in *37th International Convention on Information and Communication Technology, Electronics and Microelectronics* (*MIPRO*), 2014, pp. 1204 - 1209

32. V. Balali, M. Golparvar-Fard, Segmentation and recognition of roadway assets from car-mounted camera video streams using a scalable non-parametric image parsing method. Autom. Constr. Part A 49, 27 - 39 (2015)

33. B. Sowmya, B. Sheela Rani, Colour image segmentation using fuzzy clustering

techniques and competitive neural network. Appl. Soft Comput. 11, 3170 – 3178 (2011)

34. T. Kinattukara, B. Verma, Wavelet based fuzzy clustering technique for the extraction of road objects, in *IEEE International Conference on Fuzzy Systems* (*FUZZ*), 2015, pp. 1 – 7

35. J. Schoukens, R. Pintelon, H. V. Hamme, The interpolated fast fourier transform: a comparative study. IEEE Trans. Instrum. Meas. 41, 226 – 232 (1992)

36. M. Lotfi, A. Solimani, A. Dargazany, H. Afzal, M. Bandarabadi, Combining wavelet transforms and neural networks for image classification, in *41st Southeastern Symposium on System Theory*, 2009, pp. 44 – 48.

37. T. Kinattukara, B. Verma, Clustering based neural network approach for classification of road images, in *International Conference on Soft Computing and Pattern Recognition* (*SoCPaR*), 2013, pp. 172 – 177

38. T. Kinattukara, B. Verma, A neural ensemble approach for segmentation and classification of road images, in *Neural Information Processing*, 2014, pp. 183 – 193

39. A. Schepelmann, R. E. Hudson, F. L. Merat, R. D. Quinn, Visual segmentation of lawn grass for a mobile robotic lawnmower, in *IEEE/RSJ International Conference on Intelligent Robots and Systems* (*IROS*), 2010, pp. 734 – 739

40. P. Kamavisdar, S. Saluja, S. Agrawal, A survey on image classification approaches and techniques. Int. J. Adv. Res. Comput. Commun. Eng. 2, 1005 – 1009 (2013)

41. T. -H. Cho, R. W. Conners, P. A. Araman, A comparison of rule-based, K Nearest neighbor, and neural net classifiers for automated industrial inspection, in *the IEEE/ACM International Conference on Developing and Managing Expert System Programs*, 1991, pp. 202 – 209

42. M. Liu, Fingerprint classification based on adaboost learning from singularity features. Pattern Recogn. 43, 1062 – 1070 (2010)

43. J. Petrová, H. Moravec, P. Slaváková, M. Mudrová, A. Procházka, Neural network in object classification using Matlab. Network 12(10) (2012)

44. H. -Y. Yang, X. -Y. Wang, Q. -Y. Wang, X. -J. Zhang, LS-SVM based image segmentation using color and texture information. J. Vis. Commun. Image Represent. 23, 1095 – 1112 (2012) References 117

45. A. Rehman, Y. Gao, J. Wang, Z. Wang, Image classification based on complex wavelet structural similarity. Sig. Process. Image Commun. 28, 984 – 992 (2012)

46. T. S. Hai, N. T. Thuy, Image classification using support vector machine and artificial neural network. Int. J. Inf. Technol. Comput. Sci. (IJITCS) 4, 32 (2012)

47. S. Kang, S. Park, A fusion neural network classifier for image classification. Pattern Recogn. Lett. 30, 789 – 793 (2009)

48. W.-T. Wong, S.-H. Hsu, Application of SVM and ANN for image retrieval. Eur. J. Oper. Res. 173, 938 – 950 (2006)

49. S. Chowdhury, B. Verma, D. Stockwell, A novel texture feature based multiple classifier technique for roadside vegetation classification. Expert Syst. Appl. 42, 5047 – 5055 (2015)

50. J. Ning, L. Zhang, D. Zhang, C. Wu, Interactive image segmentation by maximal similarity based region merging. Pattern Recogn. 43, 445 – 456 (2010)

51. L. Zhang, B. Verma, D. Stockwell, Spatial contextual superpixel model for natural roadside vegetation classification. Pattern Recogn. 60, 444 – 457 (2016)

52. P. Arbelaez, M. Maire, C. Fowlkes, J. Malik, Contour detection and hierarchical image segmentation. IEEE Trans. Pattern Anal. Mach. Intell. 33, 898 – 916 (2011)

53. Y. Hui, L. Mingjing, Z. Hong-Jiang, F. Jufu, Color texture moments for content-based image retrieval, in *International Conference on Image Processing* (*ICIP*), 2002, pp. 929 – 932

54. C. Myung Jin, A. Torralba, A. S. Willsky, A tree-based context model for object recognition. IEEE Trans. Pattern Anal. Mach. Intell. 34, 240 – 252 (2012)

55. A. Singhal, L. Jiebo, and Z. Weiyu, "Probabilistic Spatial Context Models for Scene Content Understanding," in *Computer Vision and Pattern Recognition* (*CVPR*), IEEE Conference on, 2003, pp. 235 – 241

56. Y. Jimei, B. Price, S. Cohen, Y. Ming-Hsuan, Context driven scene parsing with attention to rare classes, in *IEEE Conference on Computer Vision and Pattern Recognition* (*CVPR*), 2014, pp. 3294 – 3301

57. S. Gould, J. Rodgers, D. Cohen, G. Elidan, D. Koller, Multi-class segmentation with relative location prior. Int. J. Comput. Vision 80, 300 – 316 (2008)

58. B. Micusik, J. Kosecka, Semantic segmentation of street scenes by superpixel co-occurrence and 3D geometry, in *IEEE 12th International Conference on Computer Vision Workshops* (*ICCV Workshops*), 2009, pp. 625 – 632

59. S. Gould, R. Fulton, D. Koller, Decomposing a scene into geometric and semantically consistent regions, in *IEEE 12th International Conference on Computer Vision* (*ICCV*), 2009, pp. 1 – 8

60. D. Munoz, J. A. Bagnell, M. Hebert, stacked hierarchical labeling, in *European Conference on Computer Vision* (*ECCV*), 2010, pp. 57 – 70

61. J. Tighe, S. Lazebnik, Superparsing: scalable nonparametric image parsing with superpixels, in *European Conference on Computer Vision* (*ECCV*), 2010, pp. 352 – 365

62. R. Socher, C. C. Lin, C. Manning, A. Y. Ng, Parsing natural scenes and natural language with recursive neural networks, in *Proceedings of the 28th International Conference*

on Machine Learning（*ICML*），2011，pp. 129 - 136

63. M. P. Kumar，D. Koller，Efficiently selecting regions for scene understanding，in *IEEE Conference on Computer Vision and Pattern Recognition*（*CVPR*），2010，pp. 3217 - 3224

64. V. Lempitsky，A. Vedaldi，A. Zisserman，Pylon model for semantic segmentation，in *Advances in Neural Information Processing Systems*，2011，pp. 1485 - 1493

65. C. Farabet，C. Couprie，L. Najman，Y. LeCun，Learning hierarchical features for scene labeling. IEEE Trans. Pattern Anal. Mach. Intell. 35，1915 - 1929（2013）

第四章　路边视频数据分析的深度学习技术

第四章图片

本章描述了用于路边视频数据分析的深度学习技术。首先介绍深度学习的概念，并简要回顾几种典型的 CNN。然后，我们进行了一项实验研究，以比较使用 CNN 自动提取的特征相对于使用传统的手工工程特征的优势，并展示了多个 CNN 的集成分类器与单个 CNN 或 MLP 分类器的比较结果。本章最后提出了一个用于路边数据分析的深度学习架构，并将它与现有方法进行比较，以展示其在基准数据集上的最新性能。

4.1　简介

深度学习技术最近越来越流行，并在各种计算机视觉任务中显示出最先进的性能[1]。这种流行的主要原因是它们可以从原始图像像素中自动学习出具有区分性而又简洁的特征表示，而不是使用手工设计的特征，并将学习到的特征分为不同的对象类别。深度学习技术能够本能地对每个对象的区别性特征进行编码，同时考虑对象类别内的、或由环境引起的变化。与传统的机器学习算法不同，在深度学习中不需要人工来进行特征提取和选择等工作。

现已有多种类型的深度学习技术被提出，如 CNN、递归神经网络、深度信念网络、深度波耳兹曼机和叠层自动编码器。尽管这些技术的实际结构可能有很大的不同，但它们共享一个类似的概念框架，由多层线性或非线性处理单元组成，这些处理单元在所有层中从低层到高层逐步生成特征表示。因此，可以在更高的层中获得更抽象和更具区分性的模式。

CNN 是最广为人知的深度学习技术之一，可用于对象分类。CNN 的设计灵感来自动物的视觉皮层（即细胞的排列和学习过程）。它也可以被认为是 MLP 受生物学启发所得到的一种变种。CNN 学习涉及多个处理层，包括多个线性和非线性变换。图 4.1 显示了最初用于数字字符识别的、流行的 LeNet - 5 CNN 的总体结构。主要处理层包括［INPUT—CONV—SUMP—POOL—

FC],即输入层被输入一个卷积(CONV)层,卷积层包含一组可学习的滤波器参数。然后,这些滤波器被送到调整线性单元(REctified Linear Units,RELUs),以增加决策函数的非线性变换能力。在 RELUs 之后是下采样层(SUbsaMPling layer,SUMP),进行非线性的下采样。最后,使用全连接(Fully Connected,FC)层进行对象分类[2]。

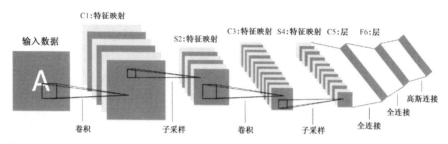

图 4.1　LeNet‑5 CNN 的结构。除输入层外,共有 7 层。通过逐步应用卷积和子采样操作提取抽象特征表示。然后将这些特征输入两个全连接层中,从而将输入数据分类为不同的对象类别。

4.2　相关工作

在过去的几年里,深度学习技术得到了广泛的应用。图 4.2 显示了从 1970 年到 2016 年间研究的 CNN 文章数量,表明对 CNN 及其在各种任务中应用的研究显著增加。

多种基于 CNN 的深度学习架构被提出,并用于对象分类任务。表 4.1 展示了几种典型的 CNN 架构和相应的应用报告。

除了 LeNet‑5 之外,BA 等人[3]提出了一种基于深度循环神经网络的视觉注意模型,并利用强化学习,通过关注输入图像中最相关的区域来进行训练。该模型在 MNIST 数据集和一个多位数字街景房号数据集上进行了评估。与 CNN 相比,该模型在识别门牌号码方面更为成功。Donahue 等人[4]提出了一种适用于大规模视觉学习的循环卷积结构,在将 12 000 多个视频分类为 101 个人类动作的任务中取得了令人满意的结果。Dundar 等人[5]提出了一种聚类算法,减少了相关性参数的数量,提高了聚类精度。为了减少相邻位置滤波器之间的冗余度,采用了一种块特征的提取方法。在 STL‑10 图像识别数据集上得到了74.1%的精度,在 MNIST 数据集上测试误差为 0.5%。Krizhevsky 等人[6]

提出了 ImageNet 深度卷积神经网络,对 120 多万幅高分辨率图像进行分类。ImageNet 有 6 000 万个参数和 65 万个神经元,由五个卷积层和三个全连接层组成,其中最后一个是 1 000 个分类的 SoftMax 层。非饱和神经元被用来保证快速训练和有效的 GPU 实现。在[7]中,深度学习被用于机器手抓取检测。采用两个深度网络的两步串联系统,由第二个网络重新评估第一个网络的最后决策。将深度网络应用于黑盒图像分类中,得到 130 000 个额外的未标记样本[8]。在[9]中,提出了一种鲁棒的 4 层 CNN 人脸识别体系结构,它可以处理具有遮挡、姿态变化、面部表情和光线变化的人脸图像。

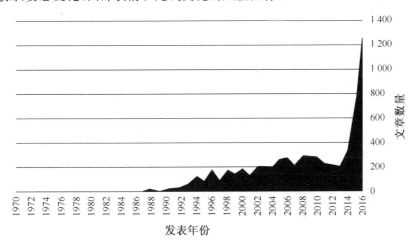

图 4.2　1970 年到 2016 年 CNN 的研究趋势。数据源于 Scopus

表 4.1　CNN 代表性类型综述一览

文章	CNN 类型	架构的简要描述	应用
LeCun et al.[13]	LeNet	CNN 首次应用到数字识别领域。 [INPUT—CONV—SUMP—CONV—SUMP—FC]	邮政编码,手写数字
Krizhevsky et al.[46]	AlexNet	将 CNN 推广到计算机视觉中。 [CONV—5xMAX SUMP—FC]	手写数字,ILSVRC 2010
Zeiler et al.[47]	ZF Net	和 AlexNet 类似。[UNPOOLED MAPS—RECTIFIED—RECONSTRUCTION—POOL—RECTIFIED—FC]	ImageNet 2012,Caltech 101,Caltech 256,PASCAL 2012

(续表)

文章	CNN 类型	架构的简要描述	应用
Szegedy et al. [48]	GoogLe-Net	引入初始模块（inception module）来减少参数。[INPUT—CONV—POOL—INCEPTION—RELU—SOFTMAX]	ILSVRC 2012—2014
Simonyan et al. [49]	VGGNet	和 GoogLeNet 类似，但没有初始模块。[INPUT—3xMAXPOOL—3xFC—SOFTMAX]	ILSVRC 2012—2014
Kaiming et al. [50]	ResNet	加入跳层，但用了批归一化，最后没有使用 FC。	CIFAR 10, ILSVRC 2012

4.3　自动与手动特征提取

4.3.1　简介

　　尽管 CNN 已经成功地应用于许多计算机视觉任务中，但是相对于其他现有技术，了解 CNN 学习过程的优势仍然很重要。CNN 的复杂性使得它很难直接用于一些方便、小规模的图像处理任务，在这些任务中很难获得足够的训练数据。CNN 以其自动从原始图像中提取特征的能力而闻名。然而，目前尚不清楚的是，在深度学习架构中加入特征提取是否比手动特征提取技术更好。目前很少有研究系统地评价深度学习体系结构的自动特征提取和分类能力。因此，有必要对这一问题进行系统的研究。在这一部分中，我们进行了系统的实验，在图像分类任务中，将 CNN 与传统的 MLP 进行了比较[10]，回答以下问题：(1) 将 CNN 和自动特征提取一起用于图像分类总是更好吗？(2) 与传统的 MLP 相比，CNN 如何处理非复杂数据集？(3) 如何进一步提高 CNN 的性能？我们使用 MLP 作为基准分类器，有两个原因：(1) CNN 特征提取后的分类层可以表示为 MLP。(2) MLP 是一种常用的人工神经网络，无论有无手动特征提取过程，它都可用于对象的分类。

4.3.2　比较框架

　　图 4.3 是对比较框架的图示[10]，该框架将 CNN 的自动特征提取与手动特征提取进行了比较。传统的 MLP 被用作所有的待比较模型的基准分类器。

该框架接收输入图像,将其输入三个单独的神经网络模型中进行对象分类,包括CNN、基于图像的 MLP(即 MLP 的输入是原始图像像素)和基于特征的 MLP(即 MLP 的输入是从图像中提取的 LBP 特征)。

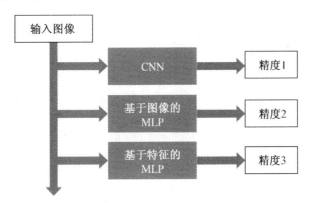

图 4.3 使用同样的 MLP 分类器时,CNN 自动特征提取与手工特征提取的比较框架。

(1) 利用 CNN 自动提取特征。使用了 LeNet‐5 CNN 结构的改进版本,它由七层组成,包括两个卷积层、两个池化层、两个全连接层和一个输出层。在卷积层中,使用了一组可学习的滤波器。每个滤波器在空间上都很小,覆盖了输入数据的全部深度。给定宽度为 W,高度为 H,深度为 D 的图像,可学习的滤波器在图像的空间上进行滑动,生成了一系列宽度和高度分别为 $W_1=(W-F+2P)/S+1$ 和 $H_1=(H-F+2P)/S+1$ 的特征图,其中 F 是神经元的空间范围,P 是零填充量,S 是步幅大小。

池化层在输入数据的每个深度的切片上独立操作,并使用 max 操作在空间上调整其大小。对于 $W\times H\times D$ 的图像,池化层将其大小减小到 $W_1=(W-F)/S+1$(宽度)和 $H_1=(H-F)/S+1$(高度)。从所有的色彩通道计算后,执行 max 操作。因此,特征矩阵在池化层中变小,最后一层采用基于 MLP 的全连接网络进行目标分类。

(2) 基于图像的 MLP。完整图像的原始像素被送入 MLP 分类器。首先对图像数据进行归一化处理,然后将包含整组原始图像像素的向量输入 MLP。实验中,隐藏神经元的数目和训练轮数都在迭代地进行变动。

(3) 基于特征的 MLP。将从图像中提取的人工特征向量输入 MLP 分类器。在这个实验中,我们使用 LBP 算子在整个输入图像上生成特征向量。与基于图像的 MLP 相比,由于从图像中提取的特征数量较少,基于特征的 MLP 在相对较小的特征空间上工作。

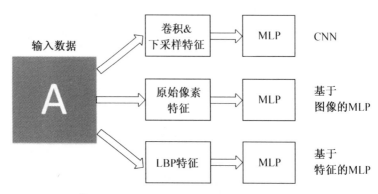

图 4.4　CNN、基于图像的 MLP 和基于特征的 MLP 中的特征提取比较

图 4.4 比较了 CNN、基于图像的 MLP 和基于特征的 MLP 的体系结构。可见,三种模型的主要区别在于所使用的特征,而分类器是相同的 MLP。

4.3.3　实验结果

实验基于三个数据集,包括 MNIST[11]数据集、奶牛温度传感器数据集和裁切的路边对象数据集。由于 MNIST 数据集已经被划分为 60 000 个训练样本和 10 000 个测试样本,我们遵从了这种数据分割方式。奶牛数据集包含了 50 幅热传感器图像,用以检测奶牛体温的变化。图像数据分为两类:变色和不变色。图 4.5 显示了两个示例图像,分别显示了变色和不变色两个传感器设备。裁切的路边对象数据集包括从 DTMR 视频帧中手动裁切的 650 个区域和七个对象,如天空、树、道路、土壤和草地。对于奶牛温度传感器和裁切的路边对象数据集,我们使用了 75% 的数据进行训练,剩下的 25% 的数据进行测试。

所有的算法都是在 Matlab 平台上开发的。对于基于图像的 MLP 和基于特征的 MLP,本文使用了默认参数,并使用基于共轭梯度下降的反向传播算法对其进行训练。

图 4.6 显示了使用 CNN、基于图像的 MLP 和基于特征的 MLP 在具有相同参数设置的三个数据集上获得的分类结果。在 MNIST 数据集上,这三种方法获得的最高精度分别为 99%,80% 和 72%,分别对应于不同的训练轮数。结果表明,与自动特征提取相比,不适当的手动特征提取会导致较低的分类精度。对于奶牛数据集,基于特征的 MLP 在训练 50 轮时能够达到 100% 的精度,但在不同的训练轮数上,其性能波动较大。CNN 结果显示,精度稳步上升,最高精度为 100%,而基于图像的 MLP 的整体精度似乎最低。值得注意的是,在奶牛数据集中,每个类中的图像数量相对较少(大约 50 个)。当在裁切后的数据集上进

行评估时,三种方法的性能相似,并且当使用更多的训练轮数时,精度会提高,直到在某些时刻获得峰值性能。基于特征的 MLP 得到的最高的精度为 72.9%,其次是基于 CNN 的方法,为 72.7%,基于图像的 MLP 的精度为70.6%。与 MNIST 和奶牛数据集上的分类结果相比,CNN 在裁切过的路边数据集上显示出了相对较低的分类精度,表明在这个数据集上对象分类的难度较大。有趣的是,基于图像的 MLP 比 CNN 的精度稍高。尽管 CNN 的性能可以通过改变其参数设置来调整,但是对于 CNN 最近的扩展方法来说,结果也可能成立。裁切的路边对象数据集是一个典型的例子,说明适当的特征提取方法的重要性。

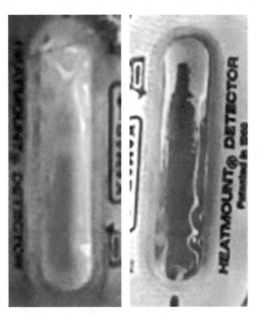

图 4.5 奶牛热传感器数据集中的两幅图像,分别为变色和不变色

尽管 CNN 的性能不错,但值得注意的是,使用自动特征提取的 CNN 并不是裁切的路边对象数据集上最好的分类器。在三分之二的数据集中,传统的基于图像和基于特征的 MLP 的性能与 CNN 相同或比 CNN 更好。因此,建议在对象分类任务中同时尝试传统的 MLP 和 CNN,特别是在只有少量数据可用的情况下。

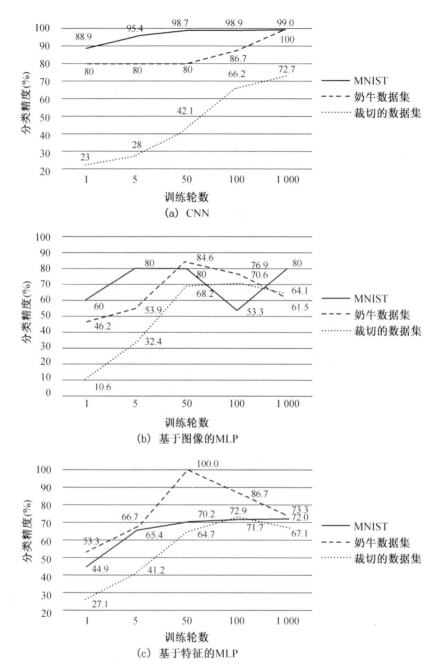

图 4.6　使用 CNN、基于图像的 MLP 和基于特征的 MLP 获得的分类精度。MLP 有 120 个隐藏的神经元

4.3.4　总结

本节提出了一个比较框架,用来研究在 CNN 中使用自动特征提取与手动特征提取对图像分类任务的性能影响。使用了三种模型,包括具有自动特征提取的 CNN、具有完整原始图像像素的传统 MLP 和具有 LBP 特征提取的 MLP。MLP 被用作所有三个模型的分类器。通过具有相似参数设置的实验,本文系统分析了三种模型在三个基准数据集上的分类精度。实验结果表明,CNN 结合自动特征提取技术可以很好地解决小图像分类问题,但不一定是最佳的解决方案。对于小数据集,如奶牛数据集和裁切的路边对象数据集,一个简单的、具有人工特征的传统 MLP 分类器可以得到与 CNN 相同甚至更好的结果。

4.4　单一架构 VS 集成架构

4.4.1　简介

深度学习技术的架构可能会对其性能产生重大影响。深度学习的最新研究偏爱“更深”的学习架构,但是,“更深”的架构伴随着更高的复杂度,使得在全局上训练优化所有的参数变得更为困难,并且,要想在大规模数据处理任务上应用这些方法也并不容易。例如,微软亚洲公司在 2015 年提出了深度残差网络(deep Residual Network,ResNet)[12],其深度高达 153 层。相比使用更深的网络,另一种方案是让模型变得更宽,并采用集成策略,这也可以视为通过将多个深度学习网络组合到另一层来增加深度。装袋算法(Bagging)[13]是集成策略的一个例子,当分类和回归树通过从整个数据集中提取随机样本进行训练时,它提供了集成学习的思路。

近年的研究表明,集成技术在学习和减少测试误差方面具有突出的作用。一个包含五个 ConvNets 的集成模型[14]的 top-1[①] 错误率为 38.1%,相比之下,ImageNet 2012 分类评测基准结果为:单一模型的 top-1 错误率为 40.7%。在[15]中,通过集成六个 ConvNets,top-1 错误率从 40.5% 降低到 36.0%。文献[16]提出了一种用于机器人手抓取检测的深度学习技术,使用由两个深度网

---

① 译者注:top-1 指分类时算法给出概率最高的 1 个分类,类似地,top-N 就是算法给出最有把握的 N 个分类,如果正确答案在给出的 N 类之中,均视为正确。

络组成的两步级联系统,由第二个网络重新评估第一个网络的检测结果。将深度学习与集成的神经网络[17]相结合,应用于包含130 000个未标记样本的黑盒图像分类问题。

虽然深度学习集成技术已经被应用到许多实际任务中,但目前还缺乏对集成的深度架构和传统分类技术(如 MLP)进行比较的系统研究。本节介绍了CNNs的集成[18],并通过实验将其与 MLP 的集成和单个 CNN 或 MLP 分类器进行比较,以回答以下问题:(1)与 MLP 等传统分类器的集成算法相比,CNN 的集成算法的性能如何?(2)与单个分类器相比,集成分类器的性能如何?

4.4.2　比较框架

图4.7描述了系统框架[18],用以比较 CNN 和 MLP 的不同架构。考虑了四种模型:CNN 集成、MLP 集成、单个 CNN 和单个 MLP。前两个模型描述如下:

(1) CNN 集成。集成架构包括三个单独的 CNN,如图4.8所示。集合中的每个 CNN 都包含标准层,如卷积层、最大池化层和完全连接层。在卷积层中,使用一组滤波器,每个滤波器的大小都是可变的。每个 CNN 使用的窗口大小为 28×28,滤波器大小为 5×5。最大池化层在输入数据的每个深度的切片上独立操作,并使用 max 运算符在空间上调整其大小。每个 CNN 都是单独训练的,所有的 CNN 的决策结果通过多数投票法进行组合。由于我们的目的不是寻找最佳的集成参数,因此没有进一步研究多少数量的 CNN 更适合于集成算法。

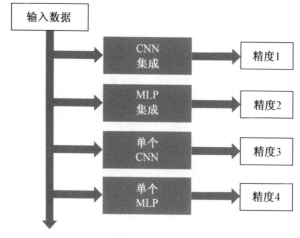

图 4.7　单个 CNN 与 MLP VS CNN 和 MLP 的集成框架比较

（2）MLP 集成。将完整图像的原始像素作为三个 MLP 集成算法的输入。采用反向传播算法对 MLP 进行训练,迭代地改变隐藏神经元的数目和训练轮数。图 4.8 是对该方法的概述。

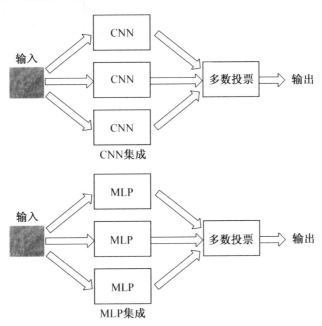

图 4.8　CNN 集成和 MLP 集成的架构说明

4.4.3　实验结果

实验在三个真实世界的数据集上进行,包括 MNIST 数据集、奶牛热度数据集[19]和裁切的路边对象数据集。训练和测试的设置与第 4.3.3 节相同。

表 4.2 和 4.3 分别显示了在三个数据集上使用 CNN 集成和 MLP 集成所获得的结果。在 MNIST 数据集上,由 CNN 集成所得的结果显示,其精度为 99.3%,高于基于图像的 MLP 集成所得到的 95.2%。类似地,在裁切的路边对象数据集上,CNN 集合比 MLP 集合的结果有更高的精度(88.8%对73.5%)。而在奶牛数据集上,MLP 集合和 CNN 集合在训练集合和测试集合上都取得了相同的精度,为 100%。结果表明,CNN 集成比 MLP 集成更有效。

表 4.2 CNN 集成方法的精度(%)

数据	训练轮数			训练精度	测试精度
	CNN1	CNN2	CNN3		
MNIST	150	1 000	1 010	99.2	99.3
奶牛数据集	1 000	1 050	1 100	100	100
裁切数据集	1 000	1 050	1 100	95.5	88.8

表 4.3 MLP 集成方法的精度(%)

数据	CNN1	CNN2	CNN3	CNN1	CNN2	CNN3	训练精度	测试精度
MNIST	50	53	55	12	12	12	78.4	95.2
奶牛数据集	100	100	101	6	16	6	100	100
裁切数据集	50	50	45	16	16	20	79.2	73.5

表 4.4 单个 CNN 的精度(%)

数据	精度	训练轮数		
		50	100	1 000
MNIST	训练	92	94.3	98.2
	测试	98.7	98.9	99
奶牛数据集	训练	62.9	94.3	100
	测试	80	86.7	100
裁切数据集	训练	52.9	72.3	93.2
	测试	42.1	66.2	72.7

表 4.5 单个 MLP 的精度(%)

隐藏神经元数量	MNIST			奶牛数据集			裁切数据集		
	轮数	训练	测试	轮数	训练	测试	轮数	训练	测试
6	1 000	100	86.7	100	100	100	100	72.1	57.7
12	50	100	93.3	100	100	92.3	100	94.5	68.2
16	50	100	86.7	100	100	100	100	95.5	70
24	100	100	86.7	50	100	84.6	50	86.4	68.8
120	50	100	80	50	100	84.6	100	98.7	70.6

　　表 4.4 和 4.5 分别显示了三个数据集上使用 CNN 和 MLP 的单个分类器
所获得的结果。在 MNIST 和裁切的路边对象数据集上,与使用单一分类器相
比,CNN 和 MLP 的集成分类器能够稍微提高测试精度。相比之下,在奶牛数
据集上,单个的 CNN 或 MLP 可以获得与相应的集成分类器相同的精度,这可
能是由于奶牛数据集中的图像和对象类别较少。对于 MNIST 数据集,CNN 的
集成分类器优于 MLP 的集成分类器,而单个 CNN 也优于单个 MLP 分类器。
值得注意的是,与使用单个 CNN 相比,MLP 的集成具有更低的精度,这可能是
因为 CNN 的参数已经特别针对 MNIST 数据集进行了优化。在裁剪后的路边
对象数据集上,CNN 集成的测试精度最高,达到 88.8%,其次是 MLP 的集成,
而单个 CNN 和 MLP 的测试精度最差。结果表明,为了获得更准确的结果,考
虑 CNN 的集成分类器是有益的。

　　尽管 CNN 的集成在所有实验中都表现良好,并且在测试精度方面产生了
最佳结果(MNIST 数据集 99.3%,奶牛数据集 100%,裁切过的路边对象数据集
88.8%),但值得注意的是,CNN 的集成需要更长的时间和更多的训练轮数才能
达到最高精度。传统的基于图像的 MLP 和 MLP 的集成只在奶牛数据集上才
能和 CNN 的集成表现得一样好。CNN 的集成算法在所有的三个数据集上,在
对三个数据集进行评估的四个模型中,CNN 的集成对所有数据集都表现良好。

4.4.4　总结

　　本节介绍了 CNN 的集成算法,并在三个真实数据集上,将其与 MLP 集成、
单个 CNN 和单个 MLP 的结果进行了比较。对于所有的四个模型,在相似的训
练条件和测试实验条件下,使用完整图像的原始像素作为输入,实验结果发现,
在四个被评估的模型中,CNN 的集成算法表现最好。因此,在处理真实数据集
中的对象分类问题时,最好考虑集成分类器,特别是 CNN 的集成。

4.5　深度学习网络

4.5.1　简介

　　在视频数据分析的研究方面,最近的工作在很大程度上已经转移到对上下
文信息进行融合,从而产生保持类别标签一致性的约束,以优化对象分类的结
果。上下文是现实世界对象的一种统计特性,它包含了关键信息,可以在复杂的

对象分类任务中帮助进行准确的类标签推理。对人类感知的研究发现,当物体外部的像素不可见时,人类对物体的分类精度低于机器分类[20]。有两种类型的上下文:全局上下文从整体场景收集图像统计信息,而局部上下文考虑来自目标区域的信息。人们普遍认为,图像像素的类标签不仅要与相邻像素所传递的局部上下文保持高度一致,而且要在整个场景语义上与全局上下文相匹配。

在现有的场景内容分析的研究中,通常分两个阶段来考虑场景内容:特征提取和标签推理。特征提取搜集一组全局或局部上下文特征,用以捕获嵌入每种类型场景中的对象之间的内在关联,这些特征通常与视觉特征一起使用,以提高类别标签的准确性。通常采用的上下文特征包括绝对位置[21]、相对位置[22]、方向空间关系[23、24]和对象共现统计[25]。层次模型,如 CNNs[26]和上下文层次模型(Contextual Hierarchical Models,CHMs)[27],在从原始图像的像素中学习出视觉和上下文特征表示方面结果比较理想。标签推断的目的是使用图模型,在能量最小化过程中保持待预测类别标签的上下文一致性,例如 CRFs[26、28、29]、MRFs[30]和基于区域边界的能量函数[16]。

近年来,深度学习技术在从原始图像的像素中提取出具有鲁棒性的上下文特征方面显示出优势。广泛使用的 CNN 利用卷积和池化层逐步提取抽象的和上下文的模式,这些模式与 MRF 或 CRF 推理联合建模,形成了强大的预测能力。Farabet 等人[26]将层次化 CNN 特征应用到 CRF 中以进行标签推断。Schwing 和 Urtasun [31]将 CRF 推断的错误回传给 CNNs。然而,CRF 的推断完全独立于 CNN 训练。为了解决这一问题,Zheng 等人[32]将 CRF 推断定义为循环神经网络,并将其集成到一个统一的框架中。尽管 CNNs 取得了很好的效果,但它们有两个缺点:(1) 由于考虑到的上下文有限,它们常常会混淆视觉上相似的像素;(2) 由于对每个学习系统的参数的依赖性,它们无法自动适应于图像内容。为了对高阶的上下文进行编码,循环 CNN[33]将 CNNs 的输出反馈作为同一网络的另一个实例的输入,但它只对序列数据起作用。递归上下文传播网络[34,35]递归地将本地上下文信息聚合到整个图像,然后将聚合的信息传播回局部特征,但它仍然受到超像素的杂质标签的影响,可能会导致从一个级别到另一个级别的严重误差传播。CHMs[27]通过将一系列的分类器进行层次化的集成,将多分辨率的上下文信息进行结合,但是上下文信息是基于对图像采样获得的,其中很大一部分的信息被丢失。

上述方法为自然场景中的像素标记提供了不错的结果。然而,它们通常有三个缺点:(1) 上下文特征要么完全舍弃了对象的绝对空间坐标,而对象的绝对空间坐标包含了可支持场景分析的重要上下文信息;要么过分保留了所有的绝对坐标,这就需要大量的训练数据来保证可靠的性能。(2) MRF 和 CRF 标签推理模型捕获全局上下文的能力有限,例如整个图像中对象之间的长距离标签依赖关系。它们主要关注的是局部标签的一致性,因此确保全局一致性的能力有限。(3) 但适应新场景中的局部属性对于克服对象的可变性和环境的变化至关重要[36]。

在本节中,我们描述了一个深度学习网络[37],它能够学习短期和长期的上下文特征,以在真实数据中提高对象的分割精度。深度学习网络不是以层次化的方式执行,而是借用了深度学习中的多层概念,以获得图像块中的健壮上下文特征,并将它们与视觉特征集成,从而将图像像素稳定地标记到不同的对象中。

4.5.2　深度学习网络

4.5.2.1　问题定义

设 $I(v) \in R^3$ 为包含一组像素 v 的图像,对象分割的目的是将每个像素 v 赋给类标签 $C=\{c_i | i=1,2,\cdots,M\}$ 中的一个,M 为所有类的个数。对于基于超像素的对象分类,令 $S_v=\{s_j | j=1,2,\cdots,N\}$ 为从 I 中切分出的超像素集合,N 为所有超像素的数量,它们相应的视觉特征为 $F^v=\{f_j^v | j=1,2,\cdots,N\}$,局部上下文特征为 $F^l=\{f_j^l | j=1,2,\cdots,N\}$,全局上下文特征为 $F^g=\{f_j^g | j=1,2,\cdots,N\}$。之后,该任务被转化为如下问题:将 s_j 中的所有像素 v 标记为类别 $c_i \in C$,并且 $v \in s_j$,将正确的标签 c_i 分配给 s_j 的条件概率可以表示为:

$$P(c_i | s_j, W) = P(c_i | f_j^v, f_j^l, f_j^g; W^v, W^l, W^g)$$

$$\text{s. t.} \sum_{1 < i < M} P(c_i | s_j) = 1 \tag{4.1}$$

其中,$W=\{W^v, W^l, W^g\}$ 分别表示 F^v、F^l 和 F^g 特征的权重参数,可从训练数据中学习得到。

通过最大化在所有超像素上分配到正确标签的概率之和,可以得到最终的目标:

$$P(C | S, W) = \max_{s_j \in S \& c_i \in C} P(c_i | s_j, W) \tag{4.2}$$

现在,有两个任务:(1)如何获得局部和全局的上下文特征? 可以综合使用对象之间的短距离和长距离的标签依赖信息吗? 并且,如何使这些特征适应于测试图像的局部属性?(2)如何无缝地集成视觉和上下文特征,从而得到所有超像素的最大条件概率?

4.5.2.2　网络架构

如图 4.9 所示,在问题定义一节用以解决两个任务的深度学习(Deep Learning, DP)网络架构[37]由三层组成:(1) 视觉特征预测层,建立了类别-语义的有监督分类器,基于它们的视觉特征预测所有超像素的类别概率。(2) 上下文投票层,基于每个超像素最可能的类别和相应的对象共现先验(Object Co-occurance Priors, OCPs),得到超像素的局部和全局上下文适应投票(Context Adaptive Voting,CAV)特征。(3) 整合层,对视觉信息的关联性和 CAV 特征进行联合建模,获得每个超像素的最终类别标签。

具体而言,网络使用超像素级别的视觉特征作为输入,并且为每一个超像素输出一个类别标签。第二层接收第一层所预测的类别概率,结合 OCPs(最可能的类别,是从训练数据中学习出的),学习出独立于图像的 CAV 特征,反映了每个超像素的类别标签偏好,这是通过在测试图像上对全局和局部上下文进行投票获得的:

$$V^l(C \mid s_j) = \psi^l(P^v(C \mid s_j), OCP) \tag{4.3}$$

$$V^g(C \mid s_j) = \psi^g(P^v(C \mid s_j), OCP) \tag{4.4}$$

其中,ψ^l 和 ψ^g 分别代表全局的和局部的上下文投票函数。CAV 特征自适应地捕捉超像素的短距离和长距离标签依赖,以及在测试图像中的局部属性。

为了整合上下文和视觉特征,我们将视觉特征、局部和全局的 CAV 特征当作三个独立的部分,并将 CAV 特征按类别特征进行归一化。之后,我们利用神经元的优化的权重集合,对第三层中的 CAV 特征和视觉信息的类别概率的关联性进行联合建模:

$$P(C \mid s_j) = H\left(\overbrace{P^v(C \mid s_j)}^{\text{视觉特征}}, \overbrace{P^l(C \mid s_j)}^{\text{局部CAV}}, \overbrace{P^g(C \mid s_j)}^{\text{全局CAV}}\right) \tag{4.5}$$

$$P^T(C \mid s_j) = \bigcup_{1 < i < M} P(c_i \mid f_i^T; W^T) \tag{4.6}$$

其中,H 代表函数,基于特征 f_i^T 和相应的权重 W^T,$T \in \{v, l, g\}$,用来对 s_j 的三种类型的类别概率 $P^T(C \mid s_j)$ 进行联合建模。

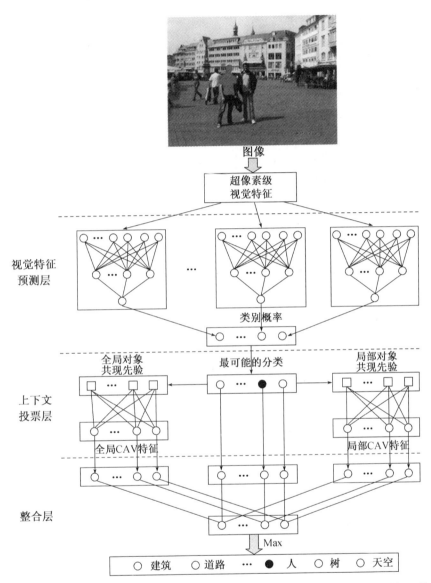

图 4.9　三层深度学习网络体系的框架。预测层使用超像素级别的视觉特征输入,然后使用类别-语义分类器对每个超像素进行类别概率预测。上下文语义投票层基于最可能的类别和对象共现先验(OCPs),分别对空间块中的超像素和相邻超像素投票,计算全局和局部的上下文自适应投票(CAV)特征。OCPs(在矩形中显示)是从训练数据中所有的成对块中搜集的。整合层对基于类别概率的视觉特征、全局和局部的CAV特征进行整合,生成一个类别概率向量。每个超像素最终会使用多数投票策略生成一个类别标签。

4.5.2.3　视觉特征预测层

对于一幅输入图像,视觉特征预测层合并了多个特定类别分类器的结果,基于视觉特征集合,获得了所有超像素属于每一个类别的近似预测概率。它提供了初步的预测结果,并基于图像中的上下文为生成 CAV 特征提供了基础。

对于第 j 个超像素 s_j,它在第 i 个类别 c_i 上的类别概率可通过下式获得:

$$p^v(c_i|s_j) = \emptyset_i(f^v_{i,j}) = fn(w_{1,i}f^v_{i,j} + b_{1,i}) \tag{4.7}$$

其中,$f^v_{i,j}$ 是 s_j 的视觉特征,为第 i 个类别 c_i 提取出来的,$\emptyset_i$ 是为 c_i 训练的二值分类器,f_n 是 $\emptyset_i$ 的预测函数,$w_{1,i}$ 和 $b_{1,i}$ 分别为可训练的权重和常数参数。

对于所有的 M 个类别,s_j 的类别概率可通过下式获得:

$$P^v(C|s_j) = [P^v(c_1|s_j), \cdots, P^v(c_i|s_j), \cdots, P^v(c_M|s_j)] \tag{4.8}$$

上述的特征包括了属于所有类别 C 的每个超像素 s_j 的似然率。我们可将 s_j 分配给具有最大概率的类别:

$$s_j \in \hat{c} \quad if \quad P^v(\hat{c}|s_j) = \max_{1<i<M}(P^v(c_i|s_j)) \tag{4.9}$$

在同一个模型中,可训练单个的多类分类器对所有类别进行分类,而本文对每一个类别训练了一个特定类别的、一对所有的分类器。使用特定类别的分类器有三个优点:(1) 允许为每一个类别特别选择最具区分性的、特定类别的特征。(2) 集中于一次为一个特定类别训练出最为强大有效的分类器。(3) 有利于处理训练数据的类别不均衡问题,特别是在自然数据集上,存在许多很少出现但是非常重要的类别。对于真实世界的数据集,像素在一些常见类别中可能呈现长尾分布,训练一个多类分类器有忽略罕见类别的风险,并且很有可能偏向常见类别。

4.5.2.4　上下文投票层

上下文投票层位于深度学习网络的中心位置,其目标是学习出 CAV 特征,可以捕捉对象之间长短距离的标签依赖,并自适应于测试图像中的局部属性。它由两个步骤组成:

(1) 计算训练数据中的对象共现先验(OCPs)。

在训练数据的空间块中,OCPs 编码了对象之间关于它们的类别标签分布的先验空间关联性。为了有效地捕捉有关特定类型场景的先验上下文知识,OCPs 考虑了四种类别内部的空间关联性,包括对象共现频次、相对位置、绝对位置和方向空间关系。这些关联关系包含了场景中的重要语义信息,可用来建立上下文约束,从而可以利用视觉特征的分类器进行类别标签预测。图 4.10 举例说明了在对类别内部的空间关联性进行建模时,OCPs 和相对/绝对位置的区别。

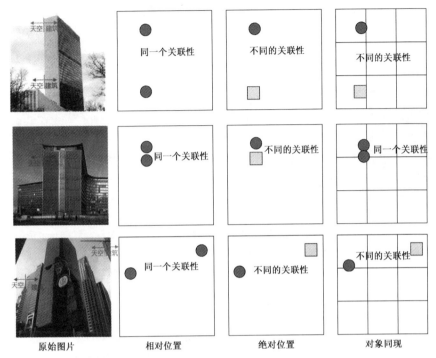

图 4.10 举例说明相对位置先验、绝对位置先验和 OCP 的差异。图中使用三个例子表示了"左边天空和右边建筑"的空间关联性(最好在彩色模式下观看)。

OCPs 的计算过程如下。为了利用对象的相对位置和绝对位置,图像 I 首先被分割为一系列同等分布的块 $B=\{B_k \mid k=1,2,\cdots,K\}$,其中 K 是块的数量。使用块的目的是在相对位置和绝对位置上下文信息上进行合适的权衡,其中,对象相对位置的偏移使用块之间的空间关系进行编码,而绝对位置使用每个块的空间坐标来保留。所有块的空间分布也保留了块之间的方向空间关系,即左和右的空间关系。因为对象可能出现在场景的任意位置,全局和局部 OCPs 被建立,以表示共现关系的长短距离的标签依赖,共现关系的主体是同一个场景内的两个对象。并且,对于一种具体类型的对象,OCPs 中包含了在训练场景中分别蕴含的全局和局部上下文的先验知识。

(a) 全局 OCP。假设在一个块 B_{k_2} 中,一个像素的类别标记为 c,一个矩阵 $M_{c\mid\hat{c}}(k_1,k_2),k_1\neq k_2$ 表示一个标记为 c 的像素出现在一个块 B_{k_1} 中的概率,且 $M\in R^{M\times M\times K\times(K-1)}$。该矩阵经过归一化,使得每一个块上所有的类别都是条件分布,即 $\sum\limits_{c=1}^{M}M_{c\mid\hat{c}}(k_1,k_2)=1$。对于每一个成对的块,生成一个 $M\times M$ 的矩阵,其中的每个元素表示两个位于不同块中的像素之间的共现频次。图 4.11 说明了两个块之间，对象共现矩阵的计算过程。对于一个块 B_{k1} 中的超像素，全局 OCP 反映了其类别标签的置信度，该数值是由所有其他 $K-1$ 块 $\bigcup(B_{k2})k_2 \neq k_1$ 的所有超像素中的上下文信息支撑的。

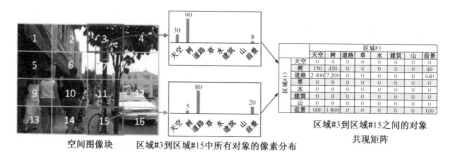

图 4.11　在斯坦福背景数据集中的一幅图片上计算全局 OCP 的示例。对每一个空间图像块计算所有类别上的像素分布，之后对每一对的两个块（例子中是♯3 和♯15）都生成一个对象共现矩阵，用以反映两个块中对象间的长距离标签依赖关系。

　（b）局部 OCP。给定一个与超像素 s_j 相邻的超像素 s_p，s_p 的类别标签为$\hat{c}$，一个矩阵 $\overline{M}_{c|\hat{c}}(s_j,s_p)$ 表示类别为 c 的 s_j 发生的概率，且 $\overline{M}_{c|\hat{c}}(s_j,s_p) \in R^{M \times M}$。在训练数据上，对所有的相邻超像素对计算局部矩阵，并且所有的超像素对可能出现在场景的任意位置，因为在计算时并没有考虑空间块。同一个块中，"自支撑"的上下文信息在全局 OCP 中并没有考虑，这一点在此处得到了补偿。对于一个超像素，在其邻域超像素 $\overline{S}_j = \bigcup(S_p)$ 的上下文信息的支撑下，局部 OCP 提供了该超像素的类别标签的置信度。

　对于全局和局部 OCPs，每个类的出现频次是通过对该类中所有超像素的像素进行计数获得的。每个超像素的类别标签是通过对地面真值像素的标签实施多数投票法获得。因为切分出的超像素的形状和大小并不相同，一个超像素可能跨越多个空间块的边缘出现。因此，图像 I 中的每个超像素 s_j 被分配给一个唯一的块 B_k：

$$s_j \in B_k \, if \, (\bar{x}_j, \bar{y}_j) \in B_k \tag{4.10}$$

其中，$(\bar{x}_j, \bar{y}_j)$ 是 s_j 中所有像素的中心点。

　（2）为测试图像生成 CAV 特征。

　在获取到全局和局部的 OCPs 后，我们将继续介绍如何在测试图像中结合这些 OCPs 来计算所有超像素的 CAV 特征。对于每一个超像素，我们首先使用（4.9）获得最可能的类别，用（4.10）计算相应的空间块，再采取投票策略，基于全局和局部 OCPs 来获得超像素的 CAV 特征。具体地，空间块中的每一个超像素

都基于全局 OCP $M_{c|\hat{c}}(k_1,k_2)$，为其他块中超像素的类别概率进行投票，也基于局部 OCP $\overline{M}_{c|\hat{c}}(s_j,s_p)$，为其邻域超像素的类别概率进行投票。

给定块 B_{k1} 中的一个超像素 s_j，令 $S=\{s_q|q=1,2,\cdots,Q\}$ 为所有剩余块 $\cup(B_{k2})k_1\neq k_2$ 中超像素的集合，且 s_q 为 S 中的第 q 个元素，对于所有的 $s_q\in S$，s_j 收到 Q 个投票：

$$V^g(C\mid s_j)=\sum_{1<k_2<K;k_1\neq k_2}\sum_{s_q\in B_{k_2};s_q\in\hat{c}}w_{2,q}\times M_{c|\hat{c}}(k_1,k_2) \quad (4.11)$$

其中，$\hat{c}$ 是 s_q 最可能的类别，$P(\hat{c}|s_j)$ 是相应的类别概率，$w_{2,q}=P(\hat{c}|s_j)\times\mathbb{C}(s_q)$ 是从 s_q 投票的权重，$\mathbb{C}(s_q)$ 是 s_q 中像素的数量。

因为 s_q 可以有 M 个可能的类别标签，得到的全局 CAV 特征 $V^g(C|s_j)$ 可被写为：

$$V^g(C|s_j)=[V^g(c_1|s_j),\cdots,V^g(c_i|s_j),\cdots,V^g(c_M|s_j)] \quad (4.12)$$

其中，$V^g(c_i|s_j)$ 表示基于全局的 OCP，s_j 的类别 c_i 所获得的上下文标签投票。

令 $\overline{S}_j=\{s_p|p=1,2,\cdots,P\}$ 为 s_j 的相邻超像素的集合，s_p 为 $\overline{S}_j$ 中的第 p 个成员，s_j 从其邻域 s_p 处得到了 P 个投票：

$$V^l(C\mid s_j)=\sum_{1<p<P;s_p\in\hat{c}}w_{2,p}\times\overline{M}_{c|\hat{c}}(s_j,s_p) \quad (4.13)$$

其中，$\hat{c}$ 是 s_p 最可能的类别，且 $w_{2,p}$ 和 (4.11) 中 $w_{2,p}$ 的计算方式相同。使用和 (4.12) 相似的方法，局部 CAV 特征表示，s_j 在所有类别上的上下文标签投票可以通过局部 OCP 获取：

$$V^l(C|s_j)=[V^l(c_1|s_j),\cdots,V^l(c_i|s_j),\cdots,V^l(c_M|s_j)] \quad (4.14)$$

现在，基于全局和局部的 OCPs，我们已经对每个超像素分别计算了两种类型的 CAV 特征，并分别基于全局和局部上下文信息，它们表示了场景中超像素的类别标签的置信度。

4.5.2.5 整合层

通过无缝整合基于视觉特征的类别概率 $P^v(C|s_j)$、局部 CAV 特征 $V^l(C|s_j)$ 和全局 CAV 特征 $V^g(C|s_j)$，可以学习到优化过的神经元权重集合。基于此，整合层的目标是获取测试图像中所有超像素的上下文相关的分类结果。面向这一目标，我们学习出了相应神经元的、特定类别的优化参数，可以最好地描述每一个类别和三个预测类别之间的相关关系。在预测测试图像的超像素类别标签时，这些权重本身就解释了视觉特征和上下文线索的不同贡献。权重的优化过程采用了和多维线性回归模型相似的方法。

为了保证类别概率 $P^v(C|s_j)$ 的一致性,对全局和局部的 CAV 特征进行了概率归一化,使得所有类别上的值之和为 1:

$$P^g(c_i \mid s_j) = V^g(c_i \mid s_j)/\sum_{1 < i < M} V^g(c_i \mid s_j) \tag{4.15}$$

$$P^l(c_i \mid s_j) = V^l(c_i \mid s_j)/\sum_{1 < i < M} V^l(c_i \mid s_j) \tag{4.16}$$

对于每个类别,从 P^v、P^l 和 P^g 到其相应神经元之间建立了一条连接,用以对超像素 s_j 整合其第 i 个类别 c_i 的三个预测概率:

$$P(c_i|s_j) = b_{3,i}^c + w_{3,i}^v \times P^v(c_i|s_j) + w_{3,i}^l \times P^l(c_i|s_j) + w_{3,i}^g \times P^g(c_i|s_j) \tag{4.17}$$

其中,$b_{3,i}^c$ 是 c_i 的一个常数,$w_{3,i}^a$、$w_{3,i}^l$ 和 $w_{3,i}^g$ 分别是第三层中 $P^a(c_i|s_j)$、$P^l(c_i|s_j)$ 和 $P^g(c_i|s_j)$ 的权重。权重通过学习获得,目标是在我们有标签的训练数据上,最小化似然率得分的平方差之和:

$$\min\left(\sum_{j=1}^J (P(c_i \mid s_j) - P'(c_i \mid s_j))^2\right) \tag{4.18}$$

其中 J 是训练数据中所有超像素的总数。$P'(c_i|s_j) \in \{1,0\}$ 分别对应于地面真值中 c_i 和 c_j 的类别标签。预测出的概率被假定服从于正态分布。

对于所有的 M 个类别,一系列具有不同权重的、连接的神经模型被学习出来:

$$P(C|s_j) = [P(c_1|s_j), \cdots, P(c_i|s_j), \cdots, P(c_M|s_j)] \tag{4.19}$$

最后,超像素 s_j 的标记为 $\hat{c}$,是通过多数投票策略,从所有的类别中选出的具有最高概率的类别:

$$s_j \in \hat{c} \ if \ P(\hat{c}|s_j) = \max_{1 < i < M} P(c_i|s_j) \tag{4.20}$$

在训练和测试过程中,深度学习网络算法在算法 4.1 中得到了总结。

算法 4.1: 训练和测试过程中的深度学习网络

输入: 图像 I;超像素 $S = \{s_j | j = 1,2,\cdots,N\}$,类别标签 $C = \{c_i | i = 1,2,\cdots,M\}$;空间块 $B = \{B_k | k = 1,2,\cdots,K\}$。

输出: s_j 的类别标签

　　//使用视觉特征进行初步预测
　　Foreach 超像素 $s_j \in S$
　　　　Foreach 类别 $c_i \in C$
　　　　　　提取视觉特征 $f_{i,j}^v$;
　　　　　　获取类别概率: $P^v(c_i|s_j) = fn(w_{1,i}f_{i,j}^v + b_{1,i})$

End

  获取最可能的类别：$\hat{c} = \max_{1<i<M}(P^v(c_i|s_j))$

End

//将每个超像素分配给一个空间块

Foreach 超像素 $s_j \in S$

  获取 s_j 的中心点：$(\bar{x}_j, \bar{y}_j)$

  将 s 分配给一个块：$s_j \in B_k$ if $(\bar{x}_j, \bar{y}_j) \in B_k$

End//

计算 OCP

Foreach 块 $B_{k2} \in B$

  Foreach 块 $B_{k1} \in B \& k_1 \neq k_2$

    对于类别 c 和 $\hat{c}$ 获取全局 OCP：$M_{c|\hat{c}}(k_1, k_2)$

  End

End

Foreach 超像素 $s_j \in S$

  Foreach 超像素 s_j 的邻域：$s_p \in \bar{S}_j$

    获取类别 c 和 $\hat{c}$ 的全局 OCP：$\overline{M}_{c|\hat{c}}(s_j, s_p)$

  End

End

//计算 VOC 特征

Foreach 超像素 $s_j \in S$

  Foreach 类别 $c_i \in C$

    计算全局 CAV 特征：

    $$V^g(C|s_j) = \sum_{1<k_2<K, k_1 \neq k_2} \sum_{s_q \in B_{k2}, s_q \in \hat{c}} w_{2.q} \times M_{c|\hat{c}}(k_1, k_2)$$

    计算局部 CAV 特征：

    $$V^l(C|s_j) = \sum_{1<p<P, s_p \in \hat{c}} w_{2.p} \times \overline{M}_{c|\hat{c}}(s_j, s_p)$$

  End

End

//整合视觉和 VOC 特征，进行最终预测

Foreach 超像素 $s_j \in S$

  Foreach 类别 $c_i \in C$

    将 VOC 转换为概率：

$$P^g(c_i \mid s_j) = V^g(c_i \mid s_j) / \sum_{1 < i < M} V^g(c_i \mid s_j)$$

$$P^l(c_i \mid s_j) = V^l(c_i \mid s_j) / \sum_{1 < i < M} V^l(c_i \mid s_j)$$

整合视觉和 VOC 特征：

$$P(c_i \mid s_j) = b_{3,i}^c + w_{3,i}^v \times P^v(c_i \mid s_j) + w_{3,i}^l \times P^l(c_i \mid s_j) + w_{3,i}^g \times P^g(c_i \mid s_j)$$

End

将 s_j 分配给具有最大概率的类别：

$$s_j \in \hat{c} \text{ if } P(\hat{c} \mid s_j) = \max_{1 < i < M} P(c_i \mid s_j)$$

End

4.5.3　实验结果

在三个被广泛应用于场景理解的数据集上,我们验证使用 CAV 特征的深度学习网络的性能,数据包括:斯坦福背景数据、MSRC 和 SIFT 流数据,并将结果的精度和各类最先进的场景理解算法的结果进行比较。

4.5.3.1　实验设置

(1) 超像素级别的视觉特征。特征由色彩、几何和纹理特征的集合组成,包括平均值和标准差(2×3 维),是在每个超像素的 RGB 色彩上进行统计的;超像素所在的最顶端的块与图片最高处的距离(1 维);超像素形状在图片上遮住的部分(8×8 维);RGB 色彩的 11-箱直方图(11×3 维);基元的 100-箱直方图(100 维);在超像素区域,稠密 SIFT 描述符的 100-箱直方图(100 维)。此外,在将超像素区域扩大 10 个像素后,我们还获取了 RGB、基元和 SIFT 直方图特征(233 维)。SIFT 描述符是通过 8 个方向和 4 个尺度的滤波器计算的,并利用 K-均值聚类算法,基元被定义为 8 维的聚类,对应于具有旋转不变性的、最大响应(Maximum Response)的 8 个滤波器组。最终的视觉特征向量中有 537 个元素。利用最小冗余最大相关算法[39],我们还对每个类别获取了特定类别的特征子集,包含了最有效的 50 个特征。

(2) 系统参数。超像素是使用一个基于图的算法获得的[40],其参数设置遵循了[38],即 $\sigma = 0.8, min = 100, k = 200 \times max(1, sqr(D_l 640))$,$D_l$ 是图像 I 的较大维度(高或者宽)。我们评价了两种常用的 ANN 和 SVR 分类器,以基于类别概率获取视觉特征。对于每个类别,ANN 有三层的 50-16-1 个神经元,而 SVR 使用了一个 RBF 核函数。空间块的数量被设为 36,即宽度和高度都为 6。

（3）评价指标。我们使用了三种评价指标：全局精度，正确分类的像素和总测试像素的比例；平均精度，逐类别的像素精度的平均值；分类精度，每个类别的像素精度。平均精度同等地对待所有的类别，而不考虑它们出现的频次。分类精度表示每个对象的表现。

（4）评价策略。对于斯坦福背景数据集，我们遵循[41]中的评价程序，即使用五折交叉验证法来获取分类精度：每次验证时，随机选择 572 张图像进行训练，其余 143 张图像进行测试。与斯坦福背景数据集类似，在 MSRC 的 21 类数据集上，也是用了五折交叉验证法。在 SIFT 流数据集上，使用了与[42]相同的训练/测试数据切分：2 488 个训练图片，200 个测试图片。

4.5.3.2　在斯坦福背景数据集上的性能

表 4.6 比较了深度学习网络方法和其他最好方法的结果，评价指标是全局精度和平均精度。网络分别使用 ANN 和 SVR 分类器获得了 80.6% 和 81.2% 的精度，并且这些结果和时下的最好方法相比很有竞争力。在平均精度上，已有的工作[35,43]分别获得了 76% 和 79% 的结果，与之相比，深度学习网络的结果较低，为 72%。这说明深度学习网络更倾向于大数量训练像素的普遍类，这一点和我们的预期一致，因为 CAV 特征是基于训练数据中的类别像素分布生成的。有理由相信，对于一个具体的类别，训练的像素越多，其 OCPs 的可靠性越高，并且相应的 CAV 特征的准确性越高。网络的性能显著高于基于视觉特征的 ANN 和 SVR 分类器，分别增加了 10% 和 38% 的精度，这说明 CAV 特征在减少错误分类和改善分类标签方面有一定优势。图 4.12 对一些定性结果进行了可视化。

表 4.6　斯坦福背景数据集与前人方法的性能比较

引用的方法	全局精度（%）	平均精度（%）
Gould et al. [41]	76.4	—
Sharma et al. [34]	81.8	73.9
Shuai et al. [51]	81.2	71.3
Sharma et al. [35]	82.3	79.1
Visual feature (ANN)	69.7	55.8
DP network (ANN)	80.6	72.1
Visual feature (SVR)	43.1	35.2
DP network (SVR)	81.2	71.8

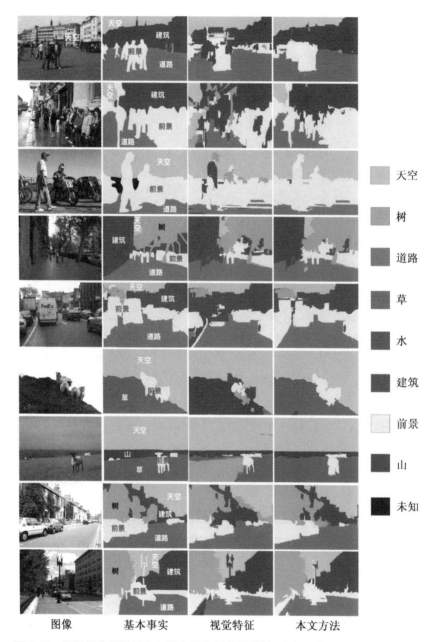

图像　　　　　基本事实　　　　　视觉特征　　　　　本文方法

图 4.12　斯坦福背景数据集上的定性分析结果(最好在色彩模式下观看)。相比只使用视觉特征,深度学习方法可以通过使用 CAV 特征,得到更具鲁棒性的视频理解结果,成功去除了大量错误分类。

　　表 4.7 展示了八个类别的混淆矩阵。我们可以发现,天空、建筑和道路是进行正确分类时最简单的三个对象,精度大于 87%。而山和水是最难的对象,精度低于 56%。这些结果和之前的研究一致[41,44,45],天空和山的精度最高,为 94%,且最低的精度为 14%。对于山,所有像素中的 24.6% 被误分类为树,这可能是因为颜色特征的重叠。类似地,很大一部分(20% 和 17.3%)的水像素被误分类为路和前景对象。在所有的类别中,相比其他类别,前景对象产生了最多的总体误分率,这很大程度上是因为在自然场景中前景对象的外观变动很大。

表 4.7　斯坦福背景数据集上,8 个对象的混淆矩阵(SVR,全局精度 81.2%)

	天空	树	路	草	水	建筑	山	前景
天空	**91.2**	3.9	0.1	0.1	0.1	3.3	0.1	1.2
树	2.7	**74.3**	1.1	1.2	0.2	14.4	0.2	6
路	0.1	0.6	**87.2**	1.8	0.3	2.8	0	7.1
草	0.3	5.2	10.6	**64.4**	1	1.8	0.8	15.9
水	3.2	0.6	20	1.7	**55.6**	1	0.7	17.3
建筑	1.4	4.5	1.3	0.2	0.3	**88.6**	0.1	3.7
山	7.6	24.6	4.7	4.7	2	8.7	**37.2**	10.5
前景	1.3	4.2	6.1	1.1	0.7	11.1	0.1	**75.4**

黑体数字表示该对象的分类精度。

4.5.3.3　MSRC 数据集上的性能

　　表 4.8 展示了深度学习网络和其他最好的方法在性能上的比较。使用 ANN 和 SVR 分类器的网络在 MSRC 数据集上分别达到了 82.1% 和 85.5% 的全局精度。使用 SVR 的方法在性能上超过了所有基准方法,除了[45]所报告的 87% 的全局精度。在所有的方法中,深度学习方法在所有的类别上获得了 82% 和 85% 的最高平均精度,证明其在所有类上可达到又高又平衡的表现。在 21 个类别中的 11 个上,该方法保持了最高的分类精度,这证明了使用深度学习网络的好处:可以对大多数类别获得最高精度。尽管使用 ANN 可以在大多数类别上获得更高的精度,但 SVR 却获得了更高的全局

精度,这可能是因为不同类别之间的像素分布并不平衡。图 4.13 展示了在样本图像上的分类结果,证实了使用 CAV 特征比只使用视觉特征可以取得更好的结果。

表 4.8　MSRC 数据集上与前人方法的性能比较(%)

方法	全局精度	平均精度	建筑	草	树	牛	羊	天空	飞机	水	面部
[52]	72	58	62	98	86	58	50	83	60	53	74
[53]	81	74	67	96	88	82	83	91	81	66	89
[54]	—	62	74	93	84	61	60	79	55	75	75
[55]	84	79	67	89	85	93	79	93	84	75	79
[56]	84	81	67	95	92	91	90	95	96	73	88
[45]	87	78	81	96	89	74	84	99	84	92	90
DP ANN	82	82	94	82	92	89	87	56	89	68	84
DP SVR	85	85	94	87	91	89	89	86	83	71	82

方法	汽车	自行车	花	标志	鸟	书	椅子	路	猫	狗	身体	船
[52]	63	75	63	35	19	92	15	86	54	19	62	7
[53]	79	92	79	70	45	93	80	78	78	41	72	13
[54]	62	75	81	71	36	72	25	75	52	39	49	10
[55]	87	89	92	71	46	96	79	86	76	64	77	50
[56]	76	94	90	76	57	84	69	82	89	60	84	44
[45]	86	92	98	91	35	95	53	90	62	77	70	12
DP ANN	93	91	96	84	85	98	90	66	94	89	88	85
DP SVR	93	89	95	87	75	98	90	65	84	83	84	77

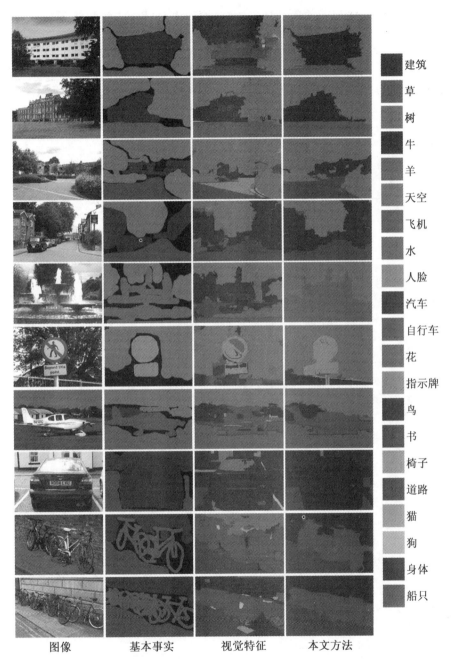

建筑

草

树

牛

羊

天空

飞机

水

人脸

汽车

自行车

花

指示牌

鸟

书

椅子

道路

猫

狗

身体

船只

图像　　　　　　基本事实　　　　　视觉特征　　　　　本文方法

图 4.13　MSRC 数据集上的定性分析结果。相比基于视觉特征的预测,使用 CAV 特征的深度学习网络成功消除了很大一部分错误分类结果。

表 4.9　MSRC 数据集上 21 个对象的混淆矩阵(SVR,全局精度 85.5%)

第一部分

	建筑	草	树	牛	羊	天空	飞机	水	面部	汽车
建筑	93.9	0.6	1.1	0.1	0	1.2	0.3	0.2	0	0.8
草	1.3	87.1	1.3	4.4	1.5	0.6	0.4	0.2	0	0.1
树	3.4	2	91.3	0.1	0	1.5	0.5	0.1	0	0.4
牛	0.1	9.2	1.2	88.7	0.1	0.4	0	0	0	0
羊	0	10.3	0.1	0.3	89	0	0	0	0	0
天空	11.4	0	2	0	0	85.9	0.2	0.1	0	0
飞机	6	4.3	1	0	0	2.1	82.6	0.2	0	0.5
水	3.2	1.4	0.2	1	0	13.2	0.4	70.6	0	0.1
面部	2.5	0	1.5	0.1	0.1	0.6	0	0.1	81.9	0.1
汽车	3.9	0.1	0.7	0	0	0	0.2	0.1	0	93.4
自行车	5.8	0.4	1.5	0	0	0.2	0	0.2	0.1	0.2
花	0.6	0.3	2.1	0	0	0.4	0	0	0.6	0
标志	5	0.4	1.4	0.2	0	2.5	0.2	0.1	0.3	0.2
鸟	0.6	9.2	0.5	0.4	0.4	4.4	0.8	4	0	0.1
书	0.7	0.2	0.1	0	0.1	0.1	0	0.1	0.2	0.1
椅子	1.1	3.3	0.3	0.2	0	0.5	0.1	0.2	0.2	0.1
路	2.9	13	0.3	0.1	0.2	4	0.9	0.4	0	5.7
猫	0.3	6	1.3	0.4	0.9	1.5	0.1	0.1	0.9	0.1
狗	0.6	5.9	0.5	0.8	0.1	0.9	0	0.5	2	0
身体	2.2	1.6	1.7	0.1	0.5	2.3	0	0.2	3.6	0.8
船	1.7	0.4	0.3	0.8	0.1	0.6	3.6	13.7	0	0.1

第二部分

	自行车	花	标志	鸟	书	椅子	路	猫	狗	身体	船
建筑	0.5	0	0.2	0	0.3	0	0.5	0	0	0.1	0.1
草	0.2	0	0	0.5	0	0.1	1.5	0	0	0.8	0.1
树	0.5	0	0	0	0.1	0	0.1	0	0	0.1	0.1
牛	0	0	0	0	0.1	0	0	0.1	0	0	0.1
羊	0.1	0	0	0	0.1	0	0.1	0.1	0	0	0
天空	0	0	0.3	0	0	0	0	0	0	0	0
飞机	0	0	0.5	0	0	0	0.6	0	0	0.1	2.1
水	0	0	0.1	2.2	0	0	2.7	0	0	0.8	4.2
面部	0.1	0.2	0.1	0	1.2	0	0.4	0.2	0.1	10.7	0
汽车	0.2	0	0	0	0	0	1.4	0	0	0.1	0
自行车	88.7	0	0	0	0.1	0	2.7	0	0	0.1	0
花	0.3	95	0	0	0	0	0.1	0.2	0.1	0.1	0
标志	0.8	0.2	86.7	0.2	0.4	0.1	0.3	0	0	0.3	0.6
鸟	1.1	0.1	0.3	74.9	0	0	1	1.5	0.1	0	0.8
书	0.1	0	0.2	0	97.9	0	0.1	0	0.1	0.2	0
椅子	0.3	0.1	0.2	0.1	0.5	89.7	2.4	0	0.1	0.5	0.3
路	1.4	0	0.1	0.3	0	2	65.3	0.7	2.3	0.5	0
猫	0.1	1.5	0	0.4	0.2	0	2.3	83.6	0.4	0.2	0
狗	0.2	0.2	0	0.1	0.1	0	3.8	0.9	82.8	0.5	0.2
身体	0.2	0.2	0	0.1	0.3	0.1	1.9	0.1	0.2	83.9	0.2
船	0.6	0	0.3	0	0	0	1	0	0	0.1	76.7

　　表 4.9 展示了 21 个类别的总体混淆矩阵,包含了逐像素的分类精度。我们可以看到,书、花、建筑、车和树是五个最容易正确识别的类别,精度超过了 91%。而路、水、鸟和船是最难识别的类别,精度低于 77%。椅子、花、猫、狗、标志、书、羊等"对象"类别和其他类别几乎没有什么混淆,而建筑、草、树、天、路等"背景"类别和其他类的分类错误最多。超过 10% 的道路、天空和人脸像素分别被错误分类为草地、建筑物和身体,这可能是由于它们在大多数自然场景中的邻接关系。因此,局部 CAV 特征往往会对其标签的空间一致性施加很强的约束。

4.5.3.4　SIFT 流数据集上的性能

　　表 4.10 将 DP 网络和其他最先进方法的精度进行了比较。网络比其他方法的性能更佳,并且显著超过了其他最先进的方法,在使用 ANN 或 SVR 分类器时,将全局精度从之前最好的 80.9% 提高到了 87.0%。提升显著,原因可能是 SIFT 流数据集上的训练图像数量要比斯坦福背景和 MSRC 数据集的数量大得多,这一点对于搜集可靠的 OCPs 和计算精确的 CAV 特征来说非常重要。此外,DP 网络的平均分类精度也是最好的之一,为 36.9%。结果表明,在自然场景中,融入 CAV 上下文特征可以有效克服对象分类的复杂度。图 4.14 在样例图像上对 DP 网络和基于视觉特征的分类器的分类结果进行了比较,从中可以看出 CAV 特征消除错误分类的能力。

表 4.10　SIFT 流数据集上与前人方法的性能比较(%)

方法	全局精度	平均精度
Liu et al. [42]	74.75	—
Najafi et al. [57]	76.6	35
Nguyen et al. [58]	78.9	34
Shuai et al. [51]	80.1	39.7
Sharma et al. [35]	80.9	39.1
Visual feature (ANN)	67.7	17
DP network (ANN)	86.9	36.9
Visual feature (SVR)	63.4	16.2
DP network (SVR)	87	36.7

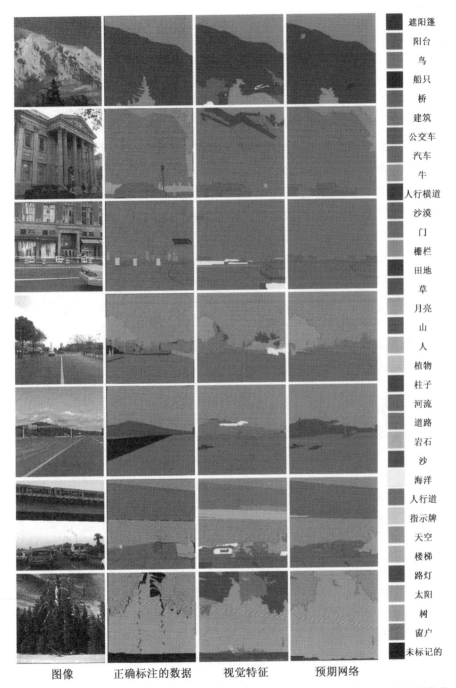

| 遮阳篷 |
| 阳台 |
| 鸟 |
| 船只 |
| 桥 |
| 建筑 |
| 公交车 |
| 汽车 |
| 牛 |
| 人行横道 |
| 沙漠 |
| 门 |
| 栅栏 |
| 田地 |
| 草 |
| 月亮 |
| 山 |
| 人 |
| 植物 |
| 柱子 |
| 河流 |
| 道路 |
| 岩石 |
| 沙 |
| 海洋 |
| 人行道 |
| 指示牌 |
| 天空 |
| 楼梯 |
| 路灯 |
| 太阳 |
| 树 |
| 窗户 |
| 未标记的 |

图像　　　正确标注的数据　　　视觉特征　　　预期网络

图 4.14　SIFT 流数据集上的定性结果。结果展示了融入 CAV 特征的好处,可以提高分类精度,并减少在自然场景中对复杂对象的误分率。

4.5.4　讨论

从实验结果中可以得到如下的主要经验：

（1）与只使用视觉特征相比，CAV 特征在性能上得到了巨大的提升。其中的主要原因是 CAV 特征在捕捉长距离和短距离的标签依赖上具有良好的能力，从而可以自适应测试图像上的局部属性，并保留相对和绝对的位置信息。CAV 特征反映了蕴含在每一种场景内的丰富的语义上下文信息集合，从而对复杂对象的类别标签施加了有效的上下文约束。

（2）在三个评测数据集上，相比其他最先进的场景理解系统，深度学习网络尽管其系统参数仅仅是简单预设且没有经过调优，但可以得到更高或差不多的精度。该方法的架构也非常通用，因为其三层结构相对独立，并可直接采用不同的现有算法。例如，第一层的分类器可以从不同的概率预测模型如 ANN、SVR和 Adaboost 中进行选择。

（3）在 SIFT 流数据集上，深度学习网络将现有的最好成绩从 80.9％显著提高到了 87％。主要是因为该数据集的训练图像数量很大，有足够的对象分布信息，保证了可以生成可靠的 CAV 特征。因此，该网络更适用于逐像素对象类别标注的大型对象分类数据集。

4.5.5　总结

本章提出并评价了一种具有 CAV 特征的深度学习网络结构，用于复杂自然图像中的目标分割和分类。本文的一个关键贡献是，通过在块之间的对象像素分布上进行池化操作，结合空间图像块来从训练数据中收集对象的共现先验信息，从而保留对象的绝对坐标和相对坐标，并对类标签实施上下文约束。CAV 特征具有捕获整个场景中对象的短距离和长距离标签相关性的优点，同时能够适应场景中的局部属性。因此，它们对于消除基于视觉特征的预测结果中的分类错误是非常有效的。结果还表明，CAV 特征的引入显著提高了基于视觉特征的预测精度，在 SIFT 流数据集上达到了 87.0％的最高全局精度，在斯坦福背景数据集和 MSRC 数据集上分别达到了 81.0％和 85.0％的极有竞争力的全局精度。

深度学习网络架构仍可从以下几个方面进行扩展：（1）它的性能受一组预定义的系统参数的影响，可以通过寻找一组优化过的参数，如超像素的数量、所选特征子集的维度和 ANN 隐藏神经元的个数，来进一步提高系统的性能。（2）它假定视觉特征和上下文特征之间存在着线性关系，值得尝试使用更复杂的非线性关系对二者进行建模,例如引入 logistic 回归模型等新的技术。(3)它采用参数化方法进行处理,未来可能通过加入非参数化的预处理步骤来提升精度,把和检索式图像最为相似的训练图像找出来,从中搜集更为可靠的对象共现先验信息。(4) CAV 特征对训练数据中的类别像素分布(特别是对于罕见类)非常敏感,一些策略着重于关注那些罕见但重要的类别,例如从其他数据集中取罕见类的样本。因此有必要关注这些策略。

参考文献

1. L. Zheng, Y. Zhao, S. Wang, J. Wang, Q. Tian, Good practice in CNN feature transfer. *arXiv preprint* ar Xiv:1604.00133 (2016)

2. S. D. Learning, CS231n: convolutional neural networks for visual recognition (2016). http://cs231n.github.io/convolutional-networks/

3. J. Ba, V. Mnih, K. Kavukcuoglu, Multiple object recognition with visual attention, *arXiv preprint* arXiv:1412.7755 (2014)

4. J. Donahue, L. Anne Hendricks, S. Guadarrama, M. Rohrbach, S. Venugopalan, et al., Long-term recurrent convolutional networks for visual recognition and description, in *Computer Vision and Pattern Recognition* (CVPR), *IEEE Conference on* (2015), pp. 2625-2634

5. A. Dundar, J. Jin, E. Culurciello, Convolutional clustering for unsupervised learning. *arXiv preprint* arXiv:1511.06241 (2015)

6. D. V. Nguyen, L. Kuhnert, K. D. Kuhnert, Structure overview of vegetation detection. A novel approach for efficient vegetation detection using an active lighting system. Robot. Auton. Syst. 60, 498-508 (2012)

7. I. Lenz, H. Lee, A. Saxena, Deep learning for detecting robotic grasps. Int. J. Robot. Res. 34, 705-724 (2015)

8. L. Romaszko, A deep learning approach with an ensemble-based neural network classifier for black box ICML 2013 contest, in *Workshop on Challenges in Representation Learning*, *International Conference on Machine Learning* (ICML) (2013), pp. 1-3

9. S. Ahmad Radzi, K.-H. Mohamad, S. S. Liew, R. Bakhteri, Convolutional neural network for face recognition with pose and illumination variation. Int. J. Eng. Technol. (IJET) 6, 44-57(2014)

10. F. Shaheen, B. Verma, M. Asafuddoula, Impact of automatic feature extraction in deep learning architecture, in *Digital Image Computing: Techniques and Applications* (DICTA), *International Conference on* (2016), pp. 1-8

11. C. Cortes, Y. LeCun, C. J. C. Burges, The MNIST database of handwritten digits. http://yann.lecun.com/exdb/mnist/

12. K. He, X. Zhang, S. Ren, J. Sun, Deep residual learning for image recognition. *arXiv preprint* arXiv:1512. 03385 (2015)

13. Y. Lecun, L. Bottou, Y. Bengio, P. Haffner, Gradient-based learning applied to document recognition. Proc. IEEE 86, 2278 – 2324 (1998)

14. D. V. Nguyen, L. Kuhnert, K. D. Kuhnert, Spreading algorithm for efficient vegetation detection in cluttered outdoor environments. Robot. Auton. Syst. 60, 1498 – 1507 (2012)

15. D. V. Nguyen, L. Kuhnert, T. Jiang, S. Thamke, K. D. Kuhnert, Vegetation detection for outdoor automobile guidance, in *Industrial Technology* (ICIT), *IEEE International Conference on* (2011), pp. 358 – 364

16. A. Bosch, X. Muñoz, J. Freixenet, Segmentation and description of natural outdoor scenes. Image Vis. Comput. 25, 727 – 740 (2007)

17. W. Guo, U. K. Rage, S. Ninomiya, Illumination invariant segmentation of vegetation for time series wheat images based on decision tree model. Comput. Electron. Agri. 96, 58 – 66 (2013)

18. F. Shaheen, B. Verma, An ensemble of deep learning architectures for automatic feature extraction, in *Computational Intelligence* (ISSCI), *IEEE Symposium Series on* (2016) (in Press)

19. D. -X. Liu, T. Wu, B. Dai, Fusing ladar and color image for detection grass off-road scenario, in *Vehicular Electronics and Safety* (ICVES), *IEEE International Conference on* (2007), pp. 1 – 4

20. R. Mottaghi, S. Fidler, A. Yuille, R. Urtasun, D. Parikh, Human-machine CRFS for identifying bottle necks in scene understanding. Pattern Anal. Mach. Intell. IEEE Trans. 38,74 – 87 (2016)

21. J. Shotton, J. Winn, C. Rother, A. Criminisi, Textonboost for image understanding:multi-class object recognition and segmentation by jointly modeling texture, layout, andcontext. Int. J. Comput. Vis. 81, 2 – 23 (2009)

22. S. Gould, J. Rodgers, D. Cohen, G. Elidan, D. Koller, Multi-class segmentation with relative location prior. Int. J. Comput. Vis. 80, 300 – 316 (2008)

23. Y. Jimei, B. Price, S. Cohen, Y. Ming-Hsuan, Context driven scene parsing with attention to rare classes, in *Computer Vision and Pattern Recognition* (CVPR), *IEEE Conference on* (2014), pp. 3294 – 3301

24. A. Singhal, L. Jiebo, Z. Weiyu, Probabilistic spatial context models for scene content understanding, in *Computer Vision and Pattern Recognition*, (CVPR), *IEEE Conference on* (2003), pp. 235 – 241

25. B. Micusik, J. Kosecka, Semantic segmentation of street scenes by superpixel

co-occurrence and 3D geometry, in *Computer Vision Workshops* (*ICCV Workshops*), *IEEE 12th International Conference on* (2009), pp. 625 – 632

26. C. Farabet, C. Couprie, L. Najman, Y. LeCun, Learning hierarchical features for scene labeling. Pattern Anal. Mach. Intell. IEEE Trans. 35, 1915 – 1929 (2013)

27. M. Seyedhosseini, T. Tasdizen, Semantic image segmentation with contextual hierarchical models. Pattern Anal. Mach. Intell. IEEE Trans. 38(5), 951 – 964 (2015)

28. D. Batra, R. Sukthankar, C. Tsuhan, Learning class-specific affinities for image labelling, in *Computer Vision and Pattern Recognition*, (*CVPR*), *IEEE Conference on* (2008), pp. 1 – 8

29. Z. Lei, J. Qiang, Image segmentation with a unified graphical model. Pattern Anal. Mach. Intell. IEEE Trans. 32, 1406 – 1425 (2010)

30. R. Xiaofeng, B. Liefeng, D. Fox, RGB-(D) scene labeling: features and algorithms, in *Computer Vision and Pattern Recognition* (*CVPR*), *IEEE Conference on* (2012), pp. 2759 – 2766

31. A. G. Schwing, R. Urtasun, Fully connected deep structured networks. *arXiv preprint* arXiv:1503. 02351 (2015)

32. S. Zheng, S. Jayasumana, B. Romera-Paredes, V. Vineet, Z. Su, et al., Conditional random fields as recurrent neural networks. *arXiv preprint* arXiv:1502. 03240 (2015)

33. P. H. Pinheiro, R. Collobert, Recurrent convolutional neural networks for scene parsing. *arXiv preprint* arXiv:1306. 2795 (2013)

34. A. Sharma, O. Tuzel, M. -Y. Liu, Recursive context propagation network for semantic scene labeling, in *Advances in Neural Information Processing Systems* (2014), pp. 2447 – 2455

35. A. Sharma, O. Tuzel, D. W. Jacobs, Deep hierarchical parsing for semantic segmentation, in *Computer Vision and Pattern Recognition* (*CVPR*), *IEEE Conference on* (2015), pp. 530 – 538

36. S. Ling, L. Li, L. Xuelong, Feature learning for image classification via multiobjective genetic programming. Neural Netw. Learn. Syst. IEEE Trans. 25, 1359 – 1371 (2014)

37. L. Zhang, B. Verma, D. Stockwell, S. Chowdhury, Spatially constrained location prior forscene parsing, in *Neural Networks* (*IJCNN*), *International Joint Conference on* (2016),pp. 1480 – 1486

38. J. Tighe, S. Lazebnik, Superparsing: scalable nonparametric image parsing with superpixels, in *Computer Vision* (*ECCV*), *European Conference on* (2010), pp. 352 – 365

39. P. Hanchuan, L. Fuhui, C. Ding, Feature selection based on mutual information

criteria of max-dependency, max-relevance, and min-redundancy. Pattern Anal. Mach. Intell. IEEE Trans. 27, 1226 – 1238 (2005)

40. P. Felzenszwalb, D. Huttenlocher, Efficient graph-based image segmentation. Int. J. Comput. Vis. 59, 167 – 181 (2004)

41. S. Gould, R. Fulton, D. Koller, Decomposing a scene into geometric and semantically consistent regions, in *Computer Vision (ICCV), IEEE 12th International Conference on* (2009), pp. 1 – 8

42. L. Ce, J. Yuen, A. Torralba, Nonparametric scene parsing: label transfer via dense scene alignment, in *Computer Vision and Pattern Recognition (CVPR), IEEE Conference on* (2009), pp. 1972 – 1979

43. V. Lempitsky, A. Vedaldi, A. Zisserman, Pylon model for semantic segmentation, in *Advances in Neural Information Processing Systems* (2011), pp. 1485 – 1493

44. D. Munoz, J. A. Bagnell, M. Hebert, Stacked hierarchical labeling, in *Computer Vision (ECCV), European Conference on* (2010), pp. 57 – 70

45. L. Ladicky, C. Russell, P. Kohli, P. H. S. Torr, Associative hierarchical random fields. Pattern Anal. Mach. Intell. IEEE Trans. 36, 1056 – 1077 (2014)

46. A. Krizhevsky, I. Sutskever, G. E. Hinton, ImageNet classification with deep convolutional neural networks, in *Advances in Neural Information Processing Systems* (2012), pp. 1097 – 1105

47. M. D. Zeiler, R. Fergus, Visualizing and understanding convolutional networks, in *European Conference on Computer Vision* (2014), pp. 818 – 833

48. C. Szegedy, W. Liu, Y. Jia, P. Sermanet, S. Reed, et al. , Going deeper with convolutions, in *Computer Vision and Pattern Recognition (CVPR), IEEE Conference on* (2015), pp. 1 – 9

49. K. Simonyan, A. Zisserman, Very deep convolutional networks for large-scale image recognition. *arXiv preprint* arXiv:1409. 1556 (2014)

50. K. He, X. Zhang, S. Ren, J. Sun, Identity mappings in deep residual networks. *arXiv preprint* arXiv:1603. 05027 (2016)

51. S. Bing, W. Gang, Z. Zhen, W. Bing, Z. Lifan, Integrating parametric and non-parametric models for scene labeling, in *Computer Vision and Pattern Recognition (CVPR), IEEE Conference on* (2015), pp. 4249 – 4258

52. J. Shotton, J. Winn, C. Rother, A. Criminisi, Textonboost: joint appearance, shape and context modeling for multi-class object recognition and segmentation, in *Computer Vision (ECCV), European Conference on* (2006), pp. 1 – 15

53. Z. Long, C. Yuanhao, L. Yuan, L. Chenxi, A. Yuille, Recursive segmentation and recognition templates for image parsing. Pattern Anal. Mach. Intell. IEEE Trans. 34,

359 - 371 (2012)

54. E. Akbas, N. Ahuja, Low-level hierarchical multiscale segmentation statistics of natural images. Pattern Anal. Mach. Intell. IEEE Trans. 36, 1900 - 1906 (2014)

55. A. Lucchi, L. Yunpeng, P. Fua, Learning for structured prediction using approximate subgradient descent with working sets, in *Computer Vision and Pattern Recognition (CVPR), IEEE Conference on* (2013), pp. 1987 - 1994

56. C. Gatta, F. Ciompi, Stacked sequential scale-space taylor context. Pattern Anal. Mach. Intell. IEEE Trans. 36, 1694 - 1700 (2014)

57. M. Najafi, S. T. Namin, M. Salzmann, L. Petersson, Sample and filter: nonparametric scene parsing via efficient filtering. *arXiv preprint* arXiv:1511. 04960 (2015)

58. T. V. Nguyen, L. Canyi, J. Sepulveda, Y. Shuicheng, Adaptive nonparametric image parsing. Circ. Syst. Video Technol. IEEE Trans. 25, 1565 - 1575 (2015)

第五章 案例分析：火灾风险评估中的路边视频数据分析

本章展示了如何基于路边视频数据利用机器学习技术对火灾风险进行评估。

5.1 导论

准确估计路边草的生物量、高度、盖度和密度等基于点位特性的参数，对于辅助生长状况监测和路边植被管理等方面具有重要的应用价值。这些参数可为了解当前草的状况、生长阶段和未来趋势等提供可靠而重要的指标。追踪这些参数的变化，可以有效地检测和量化植被状态，例如病害、干旱、土壤养分和水压。对于司机和车辆来说，高生物量的植被可能造成重大火灾危害，影响其安全，特别是在偏远地区，没有人频繁地定期检查路边草的生长情况，这一风险尤为突出。因此，开发自动、高效的路边草生物量估算方法，对于交通（主管）部门识别火灾多发路段，并采取必要措施焚烧或割草，防止可能发生的危害，具有十分重要的意义。

生物量通常被定义为植被在地面部分的干质量[1]。研究发现[2-5]植物高度和生物量之间在统计上存在着密切的关系，尽管这种关系可能取决于具体植被的类型。现有的植被生物量估算方法大致可分为三类：(a)进行现场调查，包括对不同生长阶段的植物进行破坏性取样，计算样品中所含植物的数量，并对其进行干燥化，再测重量[6]。然而，这种方法在时间、人力、成本等方面往往需要相当大的投入，如果现场调查的规模很大，可行性不强。(b)大多数现有的研究[7]侧重于遥感方法，能够评估生物量和高度等植被特征，所用的数据来自安装在卫星、飞机和地面平台上的各种光学成像传感器。然而，遥感方法往往侧重于大规模的植被范围，难以进行具体的点位分析，而且费用高，易受降雨、云量等大气条件的影响。(c)最近，有一些研究[8-12]利用基于地面数据的图像处理技术来测量树木和水稻的高度。植物高度是根据预先设定的参考标记之间的距离来测量的。这些方法通常需要在位置、角度、高度等方面对数据采集设备进行合理设置,并需要手动协助安装参考标记,因此其实际应用非常有限。

5.2　相关工作

相关工作大致可分为三类:人类现场调查、遥感测量和图像处理技术。

(1)估计植物高度的一种传统方法是进行现场调查,并由人对高度进行目视检查,这种方法通常精度很高,但需要耗费大量时间和劳力,成本很高。此外,由于地理条件的限制、进入私人土地须土地主人同意或有关授权要求,可能难以进入某些地区进行现场调查。

(2)大多数现有的自动分析系统都非常依赖于遥感测量。经常使用的一种特征是 VI。Payero 等人[13]比较了 11 种用以估计两种作物(草和苜蓿)高度的 VI,发现只有 4 种和高度有好的线性关系。他们建议,对于特定的植物和特征的高度,应当有针对性地选择合适的 VI。从 1980 年起,基于机载 LIDAR 传感器数据与测量方法的设计一直是研究的重点[1],它比 VI 和超声波传感器等其他方法提供的林冠信息更精确更详细[14]。林冠高度模型是通过对数字地面模型和数字地形模型(Digital Terrain Model,DTM)的差异决定的[15,16],前者表示森林林冠最高层的海拔高度,后者表示地面的连续高度。为了减少对 DTM 的需求,Yamamoto 等人[17]将平均树高测为地面返回和顶部地面模型之间的差值,和 DTM 类似,取得了 1 米的精度。在[18]中,使用一种立体匹配算法估计单目航空图片中对象的高度。[7]中综述了利用 LIDAR 数据来估计植物生物量的研究。然而,利用卫星或飞机数据进行的研究往往集中于大型植被区域,难以支持特定点位的分析,且这种研究费用高昂、易受雨云等大气条件影响。[19]中通过组合 LIDAR 可见的地上茎长的平均值来测量植物芒草的茎高。在[4]中,水稻的株高是利用作物地表模型计算的,模型是从地面激光扫描所得到的点云中生成的。由于需要安装 LIDAR 设备,这些方法只支持具体点位的应用,在大规模场地上的应用受限。

(3)利用机器学习技术从地面数据中估计出植物的高度,这是一个尚处于探索的领域。[8]中提出了一种从连续监测的每日稻田照片中检测水稻株高的方法。为了提供高度参考,在田间安装了一个已知高度的标记杆,可通过比较水稻的高度和标记杆的高度得到水稻的株高。有一种与之类似的测量树高的方法[9],该方法分别在树根上和距树根 1 米处预先设置两个红色标记点,并基于标记点坐标与树顶点坐标的比例变换计算树高。该方法之后被用于一个移动电话平台[10],并进一步进行扩展,包含一个附加的标记点和透视变换的使用[11]。这些方法实际上是利用图像处理技术,基于切分出来的参考标记来确定植物的高度。它们要求对数据采集设备的高度、位置和角度以及参考标记的位置和可见性进行严格的现场设置。所使用的这些技术仅适用于特定场地,不支持自动的、大规模的现场分析。

为克服现有研究中的缺陷,设计了基于普通数码相机采集的地面草图像垂直方向连通性方法(Vertical Orientation Connectivity of Grass Pixels,VOCGP)来分析案例中的单像素,而没有使用卫星或飞机采集的数据。此方法是全自动的,操作简单,不需要手动设置高度参考标记,也不需要任何特定设备。它不仅支持特定点位的分析,还支持大规模现场测试。该方法的一个前提条件是摄像机到草的距离应该大致固定,这一点可以在数据收集期间进行控制。该方法自动化、高效,具有较高的灵活性和适用性。

在使用 VOCGP 计算时,为了验证深度学习算法和非深度学习算法对结果的不同影响,我们使用了两种分类器 ANN 和 CNN 进行草的区域分割,并比较它们在同一数据集上的预测精度。

5.3　提出的 VOCGP 算法

5.3.1　问题定义和动机

在现场调查中,测量草生物量的经典方法通常涉及对取样区域中的草茎进行破坏性取样,并计算其重量。根据草茎的特性,这种计算草的燃料负荷的方法(吨/公顷)可以用公式表示:

$$F_l = \frac{1}{N_s} \sum_{j=1}^{N_s} s_j * u_j \tag{5.1}$$

其中,s_j 表示第 j 根茎的长度,u_j 是第 j 根茎的一个燃料负荷单位(例如,每米草的燃料负荷)。N_s 是茎的总数量。燃料负荷是在所有的茎上平均得到的。

令 $W = \{X_1, X_2, \cdots, X_i, \cdots, X_D\}$ 为一张图片中相应的样本草窗口,$X_i = \{x_{i1}, x_{i2}, \cdots, x_{ij}, \cdots, x_{iH}\}$ 是 W 的第 i 个列向量,$W \in R^{H*D}$,H 和 D 分别表示行和列的数目,对草的生物量进行预测的目标就是寻找一个映射函数,可以将 W 映射到一个估算的燃料负荷 F_w 上:

$$F_w = f(W) \tag{5.2}$$

之后，最小化以下目标函数，即估计出的燃料负荷数量和实际的数量之间的差距：

$$F = \min(F_w - F_l) \tag{5.3}$$

假设草的生物量与草的高度及密度紧密相关。为使用(5.1)来模仿现场调查中计算草的燃料负荷的方式，草茎可以近似地用图像中的列向量表示。因此，基于 W 中所有列的草像素长度，(5.2)中估算的燃料负荷可以通过下式计算：

$$F_w = f(W) = \frac{1}{D}\sum_{i=1}^{D} l_i \times f_i \tag{5.4}$$

其中，l_i 是第 i 列 X_i 中草像素的长度 l_i，f_i 是使 l_i 可以直接和燃料负荷 $s_i \times u_i$ 相比较的校准系数，D 是 W 中列的总数。

利用公式 5.4 可以使用与现场调查相似的概念来估计图像中草的燃料负荷，并且它为 VOCGP 方法估计草的生物量提供了基本思路，在一个采样窗口的所有列中，利用垂直方向草像素的平均连通性来测定草的高度和密度。不丧失一般性的情况下，(5.4)中的函数可以用两个分开的任务来完成：对第 i 列找到一个合适的长度度量 l_i，和将所有的列长进行合并：

$$l_i = f_1(X_i) \tag{5.5}$$

$$F_w = f_2(\bigcup_{i=1,\cdots,D} l_i) \tag{5.6}$$

上面的两个公式将在 VOCGP 方法中求解。VOCGP 的设计基于以下发现，即植物高度和生物量产出之间在统计上存在密切关系[2-5]。然而，我们认为，当采样区域中矮草和高草并存时，只使用高度可能对场景分析的鲁棒性不强。因此，我们还将草密度作为 VOCGP 设计中的一个附加因素。一般来说，草的高度和密度越大，生物量就越大。在测量草的高度和密度时，我们受到了先前工作的启发[20-22]，这些工作表明，每个图像像素处的主纹理方向可为生成大邻域中的主方向提供鲁棒性高的指标。我们观察到，在采样窗口的大多数列上，高而密度大的草通常在垂直方向上具有长而不间断的像素连通性，而矮而稀疏的草通常具有短而间断的连通性。

5.3.2　方法概览

如图 5.1 所示，VOCGP 方法由四个主要步骤组成：(1) 采样窗口选择；(2) 草区域分割；(3) 垂直方向检测；(4) VOCGP 计算。

由于草产生的总生物量对破坏性取样和测量草茎区域大小和位置敏感，我们首先从输入图像中选择一个草的采样窗口，作为生物量估计的基本处理单元。

其原因是：草产生的总生物量对破坏性取样和测量草茎区域的大小和位置敏感。我们遵循以下惯例，即所有采样点的采样区域设为同样大小，并且采样区域来自每个采样点中的特定目标位置[23]。在一个采样窗口内，比较了两种用于草区域分割的分类器：ANN 和 CNN。对于 ANN，将能够区分草或非草的色彩和纹理特征提取出来，再对它们进行特征级别的融合，并输入 ANN 分类器中。对于 CNN 分类器，使用原始窗口中的像素值。作为并行处理，对多分辨率和多尺度伽博滤波器的响应进行投票，以检测每个像素的主纹理方向。之后，基于分割出的草结果和主垂直方向，我们提出了一种计算 VOCGP 的算法，计算窗口所有列中，具有连续连接的主垂直方向的草像素的平均长度。VOCGP 被用来估计窗口内草的生物量。

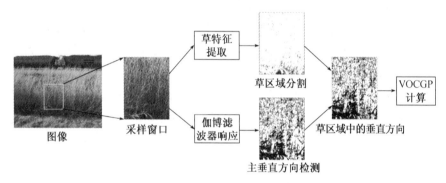

图 5.1　VOCGP 方法中主要处理步骤的图示。对于一幅给定的图像，该方法输出一个 VOCGP 值，用以估计一个采样窗口内草的生物量。草区域分割和主垂直方向检测结合起来计算 VOCGP。

5.3.3　草区域分割

草区域分割的目的是区分草像素和非草像素。输出可以反映采样窗口内草像素的空间分布和盖度的情况。对于草区域的分割，比较常用的方法有两种：(1) 使用人工制定的草特征的 ANN 分类器；(2) 使用自动特征提取的 CNN 分类器。

(1) 使用草特征的 ANN 分类器。有效地表示草像素的视觉特征在草区域分割中起着至关重要的作用。第一种技术生成用以分析路边草的色彩和纹理融合特征。众所周知，草主要显示为绿色或棕色，相比其他对象，例如天空和路，草具有丰富的非结构化的纹理，如边缘。融合这些特征有望产生更为精确和鲁棒性强的切分结果。

色彩空间包括 CIELab 和 RGB。Lab 被认为和人类眼睛的感知一致[24],并且 RGB 可能包含 Lab 不能提供的关于草的补充信息。纹理中包含了一开始由[25]采用从17-D 滤波器组中得到的信息,这些特征对于纹理丰富的对象具有很高的区分能力,并能为一般对象识别技术所使用[26]。17-D 滤波器组包含了应用在 Lab 信道,具有 3 个不同尺度(1,2,4)的高斯,滤波器组具有 4 个不同尺度(1,2,4,8)的高斯型拉普拉斯算子,L 信道上每个轴(x 和 y)具有不同尺度(2,4)的高斯导数。

对于一个在坐标(i,j)处的像素,其色彩和纹理特征向量组成如下:

$$V_{I,j}^{c} = [R, G, B, L, a, b] \tag{5.7}$$

$$V_{I,j}^{t} = [G_{1,2,4}^{L}, G_{1,2,4}^{a}, G_{1,2,4}^{b}, LOG_{1,2,4,8}^{L}, DOG_{2,4,x}^{L}, DOG_{2,4,y}^{L}] \tag{5.8}$$

两者融合,得到一个 23 个元素的色彩和纹理特征向量:

$$V_{i,j} = [V_{i,j}^{c}, V_{i,j}^{t}] \tag{5.9}$$

基于色彩和纹理特征,我们引入了一个二值的 ANN 分类器,用来区分草和非草像素。ANN 接收一个输入特征向量 $V_{i,j}$,输出的两个类别的概率:

$$p_{i,j}^{k} = tran(w_k V_{i,j} + b_k) \tag{5.10}$$

其中,$tran$ 是一个三层的正切/线性 ANN。w_k 和 b_k 是第 k 类的权重和常数参数。在所有的类别中具有最高概率的类别最后成为分类的类别:

$$A_{i,j} = \max_{k \in c} p_{I,j}^{k} \tag{5.11}$$

其中,C 表示草和非草类别,$A_{i,j}$ 表示一个(i,j)处像素的二值标签(1—草,0—非草)。

(2) 使用自动特征提取的 CNN 分类器。CNN 接收原始图像像素作为输入,之后使用卷积和池化层逐层提取更为抽象的模式,最后将其输入一个全连接层,生成对象类别的预测。使用的 CNN 是流行的 LeNet-5[27]。对于采样窗口 W 中一个位于(i,j)处的像素,LeNet-5 为二值类别 $A_{i,j} \in \{草,非草\}$ 提供了分类决策。

5.3.4　基于伽博滤波器投票的主垂直方向检测

该部分展示了一个基于伽博滤波器的投票方法,用以检测每个图像像素的主垂直方向。对每个图片像素的主纹理方向进行较精确的估计,这对于确定草的高度和密度非常重要。伽博滤波器受生物学启发,是一种最流行的多分辨率纹理描述符,用以表示和区别对象的外观属性。它们对提取边、线和结构化纹理等多尺度和方向的特征非常有效,可用于模式分析。我们在多个方向上对伽博滤波器的响应进行投票,以检测每个像素处最强的局部纹理方向,考虑小空间邻域中的所有像素强度。

2D 的伽博滤波器函数[28]可在数学上表示为：

$$F(x,y) = \frac{f^2}{\pi\gamma\eta}\exp\left(-\left(\frac{f^2}{\gamma^2}X^2 + \frac{f^2}{\eta^2}Y^2\right)\right)\exp(j2\pi fX) \tag{5.12}$$

$$X = x\cos\theta + y\sin\theta \text{ 和 } Y = -x\sin\theta + y\cos\theta \tag{5.13}$$

其中，(x,y) 定义了滤波器的中心，f 表示滤波器的中心频率，θ 指方向，γ 和 η 分别表示垂直于波的高斯长轴和短轴之间的锐度。空间纵横比是 η/γ。

尺度信息的相应频次可用下式计算：

$$\phi_m = f_{\max} \times k^{-m}, m = \{0, 1, \cdots, M_\phi - 1\} \tag{5.14}$$

其中，ϕ_m 表示第 m 个尺度，$f_0 = f_{\max}$ 是期望的最高频率，$k > 1$ 是尺度因子的频次，且 M_ϕ 是总尺度的数量。

多方向可用下式计算：

$$\theta_n = 2n\pi/N_\theta, n = \{0, 1, \cdots, N_\theta - 1\} \tag{5.15}$$

其中，θ_n 是第 n 个方向，且 N_θ 是所有方向的数量。

对于 RGB 空间中的采样窗口 W，首先通过对每个像素的 R、G 和 B 值进行平均，将其转化为灰度尺度。在方向 θ 和尺度 ϕ 上的伽博滤波器 $F_{\theta,\phi}$ 响应可以通过将滤波器和 W 中的所有像素进行卷积获得：

$$G_{\theta,\phi} = W \oplus F_{\theta,\phi} \tag{5.16}$$

输出 $G_{\theta,\phi}$ 是一个复数，由实部和虚部组成。通过对这两部分取平方模可以得到复数的大小，表示伽博滤波器的绝对响应强度：

$$\overline{G_{\theta,\phi}} = \sqrt{Real\ (G_{\theta,\phi})^2 + Img\ (G_{\theta,\phi})^2} \tag{5.17}$$

因为我们只关注方向信息，对所有尺度上的响应求平均值，可以得到每个方向的单个响应值：

$$\overline{G}_\theta = \frac{1}{M_\phi}\sum_{m=0}^{M_\phi - 1}\overline{G}_{\theta,\phi_m} \tag{5.18}$$

其中，M_ϕ 是所有尺度的数量。因此，对于在 (i,j) 处的一个像素，包含所有方向上的响应强度的方向向量如下：

$$\overline{G}_{i,j} = [\overline{G}_0^{i,j}, \overline{G}_1^{i,j}, \cdots, \overline{G}_{N_\theta - 1}^{i,j}] \tag{5.19}$$

其中，N_θ 表示所有方向的数量。在 (i,j) 处像素的主方向可以通过对所有方向上的响应进行投票，再取最大值获取：

$$O_{i,j} = k\ if\ \overline{G}_n^{i,j} = \max(\overline{G}_{i,j}) = \max_{k=0,\cdots,N_\theta - 1}\overline{G}_k^{i,j} \tag{5.20}$$

对于五尺度和四方向的伽博滤波器（即 $M_\phi = 5$；$N_\theta = 4$），公式 5.20 对每个像素输出一个在 [0,1,2,3] 之中的整数，分别表示主方向为 0 度、45 度、90 度或

135 度,如图 5.2 所示。因为我们只考虑垂直方向的 90 度,即 $O_{i,j}=2$,该步骤的输出就是在采样窗口中每个像素的方向是否是垂直。

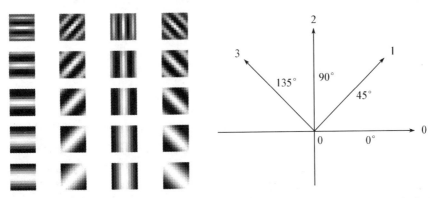

图 5.2 使用五尺度(行)和四方向(列)的伽博滤波器(左图)对图像响应的实数部分进行可视化图解。本案例中使用的四个方向及其定义的序号(右图)。

5.3.5 草像素的垂直方向连通性计算

该部分介绍了在采样草窗口中计算 VOCGP 值的方法,可用作表示草的高度和密度的指标,并用来估计草的生物量。VOCGP 被定义为窗口中具有相同主垂直方向且连续连接的草像素的平均长度。VOCGP 的定义基于如下观察结果:高的草通常沿垂直方向具有长而连续的像素连接,而矮的草通常具有短而间断的连通性,如图 5.3 所示。此外,稠密的草在窗口的大多数的列中具有高连通性,而稀疏的草仅在少数的列中具有高连通性。

对于分割出的草区域 $A_{i,j}\in\{$草,非草$\}$ 和检测出的主方向 $O_{i,j}\in\{$垂直,非垂直$\}$,在采样窗口 W 中的所有像素 x_{ij} 被转换为一个二值变量,表示该像素是否属于草并且在主垂直方向上:

$$x_{ij}=\begin{cases}1,if\,A_{i,j}=草\ and\ O_{i,j}=垂直\\0,其他\end{cases} \tag{5.21}$$

对于第 i 列 X_i,我们计算连续联通像素 $x_{ij}=1$ 的所有长度:

$$C^i=\{c_1^i,c_2^i,\cdots,c_Q^i\} \tag{5.22}$$

其中,c_q^i 表示 X_i 中的第 q 个长度,Q 是 X_i 中所有长度的数量,并且 $Q<=H$。之后,我们获取了最大长度,并把它作为第 i 列 l_i 的长度度量:

$$l_i=\max_{j=1,\cdots,Q}c_j^i \tag{5.23}$$

使用类似的方法,所有列的长度度量如下:

$$L=\{l_1,l_2,\cdots,l_D\} \tag{5.24}$$

图 5.3 高草和矮草之间沿垂直方向的连通性差异图示。右边窗口的白色和黑色分别表示使用伽博滤波器投票计算的主垂直方向和非垂直方向。相比矮草,高草在垂直方向上的连接性更高。

为表示草的密度,在所有列上进行平均,计算长度度量,生成了 W 的 VOCGP:

$$VOCGP = a \times \frac{1}{D}\sum_{i=1}^{D} l_i \tag{5.25}$$

估计出的燃料负荷可以通过 VOCGP 获得:

$$F_w = a \times VOCGP \tag{5.26}$$

VOCGP 和公式(5.1)中的物理燃料负荷量之间的度量单位不同,a 是对二者单位不同的加权补偿。注意,(5.23)和(5.26)分别对应于(5.5)和(5.6)。

算法 5.1 总结了在采样草窗口中计算 VOCGP 的过程。VOCGP 通过两个步骤获得:(a) 在每列中,计算具有相同主垂直方向的连续连接草地像素的最大长度。(b) 对所有列,计算所有最大长度的平均值。对于窗口 W 的第 i 列,该算法首先扫描第一个像素,并使用 ANN 或 CNN 分类器检查像素 $C_{i,j}$ 是否被预测为草地或非草地,之后计算具有垂直方向(即 $O_{x,y}=2$)的连续连接草地像素的长度,直到找到非草像素或非垂直方向像素。对所有像素重复该过程,得到保存在 C' 中的一系列连接草像素的长度。但是,只有最大长度 l_i 被保留,因其是相应列中草高的最重要指标。小的长度通常由非草像素、矮草像素或没有明确主方向的草像素生成。而高草一般长度会大。所有列的最大长度可以通过重复上述过程获得。然后对所有列的最大长度执行"平均"操作,以获得 W 的 VOCGP。这种"平均"操作基于草密度,对每个窗口内所有草的平均高度进行可靠的估计。该操作是一个必要步骤,只有当大多数列具有较大的长度时,我们才能确认窗口中包含高而密的草,因此具有较高的生物量。

算法 5.1 在采样草窗口内计算 VOCGP 的伪代码

输入:带像素标签 $A_{i,j}${草,非草}和 $O_{i,j}${垂直,非垂直}的采样窗口。

输出:VOCGP

```
SET L to 空
FOR 采样窗口中的每一列
    SET C to 空
    SET Lengt to 0
    FOR 采样窗口内的每一行
        IF A_{i,j}属于非草
            IF Lengt ≠ 0
                ADD Lengt to C
                SET Lengt to 0
            END IF
        ELSE
            IF O_{i,j}属于垂直
                INCREMENT Lengt
                IF O_{i,j}是每一列中的最后一个像素
                    ADD Lengt to C
                End IF
            ELSE
                IF Lengt ≠ 0
                    ADD Lengt to C
                    SET Lengt to 0
                END IF
            END IF
        END IF
    END FOR
    FIND C 中最长的长度,使用(5.23)
    ADD 最长的长度 to L
END FOR
GET VOCGP,通过(5.25)对 L 中的所有元素进行平均
```

5.4　实验结果

　　基于样本图像数据集,本节评估了 VOCGP 方法估计草的生物量的能力,草的生物量有稀疏、中等和稠密三种密度类别。我们还将计算得到的精度和人类观察的精度进行了比较,进而利用从路边视频中采集的 100 个视频帧的测试数据识别火灾易发路段。

5.4.1　路边数据搜集

　　如图 5.4 所示,实验所用的数据是沿着州道的 61 个路边采样点采集的图像,来自澳大利亚昆士兰州菲茨罗伊地区。选择点位时,注重覆盖不同类型和密度级别的草,这些点位的草主要种类包括纤毛狼尾草、黑茅草、二叉草、圆锥草、罗德草、柱花草、茅草和无线草。图片的像素为 1 936×1 296,用尼康 D80 相机对着路边草拍摄得到。为确保不同点位采样区域的图像尺寸一致,在所有的点位上,摄像机的高度和相机到采样区域的距离设置为大致相等。在实验中,从所有图像中手动裁切的与 61 个采样点选择采样区域完全对应的采样草窗口,并作为 VOCGP 方法的输入。

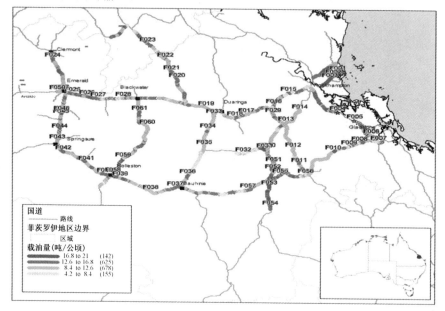

图 5.4　61 个采样点的位置分布,用以采集图像和草生物量数据。点位(F001 到 F061)是从澳大利亚昆士兰州菲茨罗伊地区选择的。

　　然后，分别对生物量和密度水平进行主观和客观的测量，作为评测 VOCGP 方法准确性的地面真值。为了获得主观的草密度，我们根据人眼观察将所有图像分为稀疏草、中等草和稠密草三类，如图 5.5 所示。人类对所有图像的分类类别见表 5.1。为了获得客观生物量，使用样方标记一平方米的面积，将草样本切割、装袋、称重并放在加热器（700 ℃）中进行干燥。几天后（大于 72 小时），从加热器中取出样本，再次称重，并使用干重和标准公式估算其燃料负荷（吨/公顷）。对所有图像进行生物量估计的结果见表 5.2。

稀疏　　　　　　　　　中等　　　　　　　　　稠密

图 5.5　稀疏、中等和稠密草的图像样本

表 5.1　基于人类观察将样本分类为稀疏、中等和稠密草

密度	样本编号
稀疏	F007，F008，F014，F017，F019，F022，F023，F024，F026，F030，F033，F034，F035，F038，F042，F043，F048，F050，F051，F056，F058，F060
中等	F002，F004，F006，F011，F013，F018，F020，F027，F029，F031，F032，F036，F039，F040，F041，F045，F047，F049，F052，F055，F061
稠密	F001，F005，F009，F010，F012，F015，F016，F021，F025，F028，F037，F044，F046，F053，F054，F057，F059

5.4.2　实验设置

　　（1）方法参数。ANN 分类器的结构为 23-16-2 神经元，并使用弹性反向传播算法进行训练（目标错误：0.001，最大轮数：200）。LeNet-5 CNN 共有七层，我们在 https://github.com/sdemyanov/ConvNet 上实现。训练数据包括 650 个草和非草区域，这些区域是从 DTMR 收集的澳大利亚昆士兰视频数据中经人工裁切而得的，覆盖草（绿色草和棕色草）和非草地（道路、树木、天空和土壤）区域。高斯滤波器的大小为 7×7 像素，伽博滤波器有 4 个方向 $\theta=(0°,45°,90°,135°)$，五个尺度（$\phi_m=\dfrac{f_{max}}{(\sqrt{2})^m}$，$m=0,1,\cdots,4$；$f_{max}=0.25$），和 11×11 伽博核函数。

表 5.2　稀疏、中等和稠密草的客观生物量和估计的 VOCGP(即分别使用 ANN 和 CNN 得到的 VocANN 和 VocCNN)(由于点位获得的图片模糊,样本 F003 被排除)

稀疏				中等				稠密			
编号	生物量	VocANN	VocCNN	编号	生物量	VocANN	VocCNN	编号	生物量	VocANN	VocCNN
F007	7.94	21.5	20.1	F002	8.31	31	23.6	F001	23.8	33.8	33.8
F008	6.1	32	28.6	F004	5	27.9	24	F005	20.57	40.2	35
F014	15.46	22.4	9.2	F006	10.68	22.8	20.6	F009	11.74	30.9	37.4
F017	4.28	14.7	14	F011	0	12.5	12.6	F010	16.01	46.6	23.9
F019	11.6	18.3	18.6	F013	11.93	29.5	22.3	F012	20.1	29.8	45.2
F022	6.78	19.8	19.1	F018	15.87	29.8	31.9	F015	32.1	60.8	25.8
F024	9.03	29.3	28.3	F020	14.74	29.8	25.8	F016	11.46	35.3	51.2
F026	4.2	26.6	21.6	F023	23.95	29.3	22.6	F021	11.95	32.9	32
F030	4.05	20.4	16.1	F027	7.12	27.5	40.3	F025	10.96	40	29.8
F033	11.75	13	13.4	F029	13.6	23.6	22.4	F028	21.24	19.5	36.5
F034	2.45	20	20.1	F032	13.5	28.9	32.9	F031	13.15	30.5	20.6
F035	4.15	24.2	22.1	F036	10.85	29.7	25.2	F037	16	48.9	31.8
F038	18.9	18.9	19.7	F040	14.85	29	26.7	F044	7.2	31.3	42.6
F039	10.9	18.9	17.6	F041	20.1	17.7	16.4	F046	14.85	30.3	22.3
F042	14.55	29.4	19.2	F045	5.5	29	32.8	F053	10.35	22.2	34.4
F043	3.45	22.4	21.2	F047	10.25	26.6	22.1	F054	22.85	33	21.3
F048	5.5	18.1	23.3	F049	11.45	29.6	27.3	F057	17.15	41.5	32.5
F050	6.85	15.8	13.4	F052	8.3	26.4	21.8	F059	12.2	24.9	39.2
F051	2.2	14.8	16.4	F055	13.1	29.5	21.7	—	—	—	—
F056	6.95	17.2	16.9	F061	8.15	25.6	20.5	—	—	—	—
F058	7.9	17.5	14.2	—	—	—	—	—	—	—	—
F060	4.15	18.2	17.1	—	—	—	—	—	—	—	—

（2）性能度量:使用了两种度量:地面真值和估计的生物量之间的 R^2 统计和均方根误差(Root Mean Square Error,RMSE)。RMSE 的计算方法为:

$$RMSE = \sqrt{\frac{1}{n}\sum_{t=1}^{n}(F_w^t - F_l^t)} \qquad (5.27)$$

其中,对于第 t 个样本图像,F_w^t 和 F_l^t 分别为其估计的和地面真值的生物量。RMSE 是在五折交叉验证上的平均误差,将所有的图像分为等量的 5 组,在每次验证时,通过将总生物量除以训练样本的总 VOCGP,4 组图像被用来计算校准系数,其余 1 组中的图像被用来计算 RMSE。

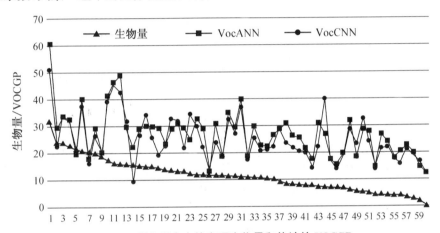

图 5.6　所有样本中的客观生物量和估计的 VOCGP

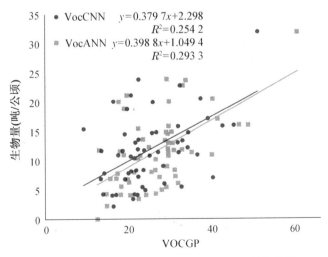

图 5.7　所有样本上客观生物量和 VOCGP 的相关性

5.4.3　草生物量估计的性能

这一部分评估了 VOCGP 方法在估计所有样本的草生物量方面的性能。使用 ANN 或 CNN 分类器进行草区域分割，所得的 VOCGP 分别被定义为 VocANN 和 VocCNN。

表 5.2 和图 5.6 显示了在所有的图像样本上，客观草生物量和相应的 VOCGP。从中可见，尽管这些值是以不同的测量单位计算的，但它们之间的变化趋势总体上是一致的。

图 5.7 使用线性回归方法计算它们之间的相关性，对 VocANN 和 VocCNN 得到的统计 R^2 值分别为 0.29 和 0.25。

由于实际条件下草茎不能在垂直方向上完美生长，我们评估了 VOCGP 方法对非垂直草茎的鲁棒性。表 5.3 显示了将图片旋转 $[-10°,-5°,0°,5°,10°]$ 后，使用 VocANN 得到的 RMSE 值。原始图片上的 RMSE 值比旋转过图片的要稍低，并且随着旋转度数的增加，RMSE 迅速增加。然而，原始图片和旋转图片的 RMSE 差异相对较小，这很大程度上是因为进行方向检测时，对伽博滤波器采用了投票策略，将有方向的草茎分类给接近 90 度的垂直方向。结果证实了 VOCGP 方法对垂直方向稍有偏离的草茎的鲁棒性。

在表 5.4 中，我们还将 VOCGP 方法的结果与人类观察的结果进行了比较。人类观测的 RMSE 是分别基于稀疏草、中等草和稠密草的平均生物量进行计算的。VocANN 和 VocCNN 显示出很好的性能，其 RMSE 比人类观测高 0.35 和 0.17。结果表明，利用机器学习技术估计草生物量具有很大的潜力。

表 5.3　将图片旋转不同角度后的性能

旋转度数	-10	-5	0	5	10
RMSE	5.95	5.95	5.84	5.87	6.02

表 5.4　VOCGP 方法的性能和人类观察结果的比较

	VocANN	VocCNN	人类观察
RMSE	5.84	5.66	5.49

5.4.4　草密度预测的性能

图 5.8 显示了稀疏、中等和稠密的草样本上生物量和 VOCGP 的平均值。VocANN 和 VocCNN 对平均生物量与草密度具有相似的正相关关系,因为较高的平均生物量(或 VOCGP)与较高的草密度水平密切相关。这和我们的预期相符,因为生物量和 VOCGP 依赖于草的高度和密度。该结果证明了 VOCGP 可以准确地估计三个密度类别中的平均生物量,并预测草的密度。

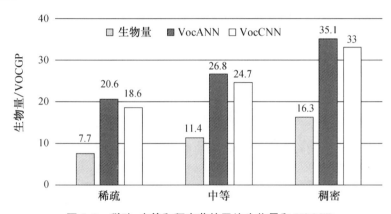

图 5.8　稀疏、中等和稠密草的平均生物量和 VOCGP

为了找到将草分为稀疏、中等和稠密的上/下阈值,图 5.9 中绘制了箱形图。据图显示,生物量、VocANN 和 VocCNN,对于所有三种类型的草都存在极大值和极小值,并且大多数样本集中在中值附近。与生物量相比,VocANN 和 VocCNN 在中位数上的分布往往更窄且不均匀,这可能是人类观察分类和自动机器分类之间的区别。VocANN 对稀疏、中等和稠密草分类的两个阈值分别为 27 和 31。

图 5.10 显示了所有样本的客观生物量和估计的 VOCGP,与其对应的稀疏、中等和稠密草类别的最佳线性拟合。对于生物量、VocANN 和 VocCNN 与它们相应的密度类别之间的相关性,观察到的 R^2 统计值分别为 0.30,0.47 和 0.45,结果表明,客观生物量测定法与 VOCGP 方法在草密度的预测中具有一致性。VocANN 和 VocCNN 都比客观生物量具有更高的相关性,这证实了 VOCGP 方法在预测草密度分类时的有效性。

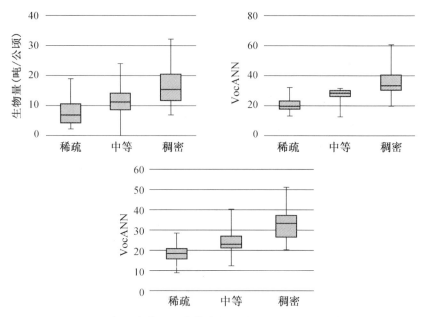

图 5.9　稀疏、中等和稠密草的客观生物量和 VOCGP 箱形图

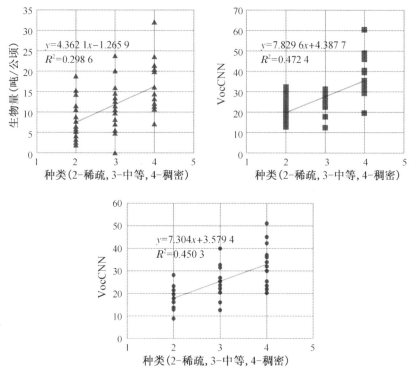

图 5.10　客观生物量和 VOCGP 对三种草类别的最佳线性拟合

5.4.5　易着火区域识别

为了证明 VOCGP 方法可以有效识别具有高生物量的、容易发生火灾的道路区域,我们对路边视频数据进行了实验,数据来自澳大利亚昆士兰州菲茨罗伊地区的第 16A 号国道,使用 DTMR 拍摄。我们从总共 22 个视频中选择 100帧,这些帧在整个道路上均匀分布,帧之间至少相隔 200 米。在每一帧中,选择15 个重叠的采样窗口,如图 5.11 所示,并人工标注为稀疏草、中等草、稠密草。

　　(a) 地面真值窗口　　　　　(b) 草的切分　　　　　(c) 估计的VOCGP

图 5.11　图像帧中 15 个采样草窗口的分布及分类结果。(a) 地面真值:2 -稀疏,3 -中等,4 -稠密;(b) 草切分结果:白色表示草像素,黑色表示非草像素;(c) 估计的 VOCGP,即 VocANN。

首先根据从图 5.9 中获得的 VocANN 的两个阈值(27 和 31)对所有窗口中的密度类别进行分类。稀疏、中等、稠密草的总精度分别为 81.7%、75.2% 和 61.2%。基于估计出的 VocANN,表 5.5 显示了将所有窗口分类为稀疏、中等或稠密草的混淆矩阵。三个类别的总精度为 73.2%。稀疏草最容易正确分类,精度为 81.7%,而稠密草最难正确分类,精度为 61.2%,相当一部分稠密草(27.7%)被错误分类为中等草。这在很大程度上是由于稠密窗口和中等窗口之间容易混淆。例如有许多窗口中既有高草,也有矮草,即使是人类也很难对其进行分类。对于某些类型的草来说,它们高度很高,VocANN 很大,但实际上生物量很低。图 5.11 显示了样本图像中的地面真值、草切分结果和估计的 VocANN。

表 5.5　使用估计的 VocANN 得到的稀疏、中等和稠密草的混淆矩阵

	稀疏	中等	稠密
稀疏	81.7	13.5	4.8
中等	10	75.2	14.8
稠密	11.1	27.7	61.2

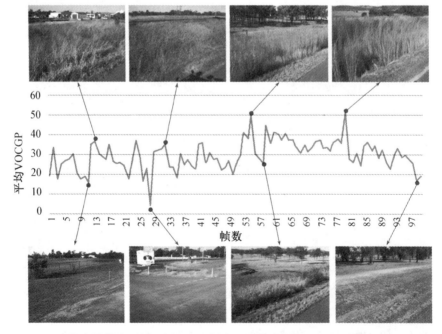

图 5.12　在每个图像中,利用对 15 个采样窗口计算出的平均 VocANN 进行易着火区域识别。帧是在菲茨罗伊地区 16A 号国道的位置提取的。局部最高和最低的 VocANN 与相应的草密度匹配度很高。

　　然后,我们将所有 15 个窗口的平均 VocANN 作为每张图像中生物量的指标。对于草密而高的图像,预计大多数窗口 VocANN 较高,有较高的平均值,从而火灾风险较高。图 5.12 根据它们在路上的位置,显示了所有 100 帧的平均 VocANN。图中还展示了 8 个典型帧,VocANN 值分别为局部高、低或中等,结果表明,采用平均 VocANN 的方法取得了很好的效果,局部最高、最低的 VocANN 与相应帧中的草密度匹配度很高。局部平均 VocANN 值最高的帧所在的位置可以被认定为火灾危险区域。

5.5　讨论

　　对实验结果的讨论如下。

　　(1) 实验结果证实了利用机器学习技术自动估测草生物量的可行性。结果表明,估计出的 VOCGP 与各样本的客观生物量具有相似的总体趋势,其 RMSE 与人类的观测结果接近。

　　(2) 平均生物量和 VOCGP 估计值与草密度(稀疏、中等和稠密)具有相似的正相关关系。VocANN 法和 VocCNN 法预测草地密度的 R^2 分别为 0.47 和 0.45,预测生物量的 R^2 分别为 0.29 和 0.25。结果证实了 VOCGP 方法在预测草密度和生物量方面的有效性。

　　(3) 对一组人工标注的采样窗口的评价表明,对稀疏、中等和稠密草的分类平均精度为 73.2%,对中等草的分类平均精度最低,为 61.2%,这主要是由于有的窗口中包含高草和矮草,产生了混淆。基于菲茨罗伊地区一条国道的数据,我们进一步证实了利用每张图像中所有窗口上的平均 VocANN,可以有效识别火灾易发区域。

　　使用机器学习技术估算草的生物量需要考虑以下几个影响因素:

　　(1) 采样窗口的参数,包括位置、大小、形状等。二维静态图像中的窗口参数可能与现场调查中实际三维采样草区域的参数不完全对应,这可能导致估计结果有偏差。虽然位置相对容易确定,但窗口大小应根据图像的分辨率和图像中草区域的范围适当设置,因为小窗口无法覆盖整个植物高度,而大窗口则可能包含不可预测的对象。严格地说,使用固定大小的窗口只适用于具有相同分辨率和相近高度的草区域的图像。

　　(2) 草分割算法的准确性。在非草类像素被误分类为草类像素的情况下,得到的 VOCGP 将高于其实际值,从而会被错误地预测为高生物量,反之亦然。

此外,VOCGP 计算还对孤立的小的非草像素敏感,这会破坏草像素的连接性,导致 VOCGP 变低。一种可能的解决方案是引入后处理步骤来移除孤立的非草像素,例如对邻域(如超像素)上的形态学开运算或区域平滑化处理。需要注意的是,在复杂场景中实现草的精确分割仍然是一个具有挑战性的课题。

(3) 检测每个像素的主局部方向的方法。伽博滤波器的核大小、尺度数目等参数可能会影响检测精度,而像素强度、边检测等检测方法也值得研究,以获得更有效的检测效果。

5.6　总结

利用机器学习技术估计路边草的生物量仍是一个尚未充分探索的领域。本节描述了一种基于草的高度和密度估算路边草生物量的 VOCGP 方法。评估的数据来自澳大利亚昆士兰州菲茨罗伊地区州公路沿线的 61 个点位,其中包含客观生物量的地面真值和稀疏、中等和稠密草的主观分类。在 VOCGP 方法中,我们比较了用于草分割的深度和非深度学习方法:VocANN 和 VocCNN,发现它们在预测草密度时的 R^2 分别为 0.47 和 0.45,在估计生物量时的 R^2 分别为 0.29 和 0.25,且 RMSE 接近于人类观测。非深度学习和深度学习在预测结果上没有大的差异。VOCGP 方法在自动识别路边视频数据中的火灾易发区域方面显示了良好的效果。未来可能的方向是基于概率对草区域分割和主方向计算研究的软决策,而不是使用简单的二元决策。

参考文献

1. Y. F. Vazirabad, M. O. Karslioglu, LIDAR for biomass estimation, in *Biomass—Detection, Production and Usage* (INTECH Open Access Publisher, 2011)

2. H. W. Zub, S. Arnoult, M. Brancourt-Hulmel, Key traits for biomass production identified indifferent Miscanthus species at two harvest dates. Biomass Bioenerg. 35, 637 – 651 (2011)

3. D. Ehlert, R. Adamek, H. -J. Horn, Laser rangefinder-based measuring of crop biomass underfield conditions. Precis. Agric. 10, 395 – 408 (2009)

4. N. Tilly, D. Hoffmeister, Q. Cao, V. Lenz-Wiedemann, Y. Miao et al., Transferability of models for estimating paddy rice biomass from spatial plant height data. *Agriculture* 5, 538 – 560 (2015)

5. N. Tilly, H. Aasen, G. Bareth, Fusion of plant height and vegetation indices for the

estimation of barley biomass. Remote Sens. 7, 11449 – 11480 (2015)

6. C. Royo, D. Villegas, Field measurements of canopy spectra for biomass assessment of small-grain cereals, in *Biomass—Detection, Production and Usage* (INTECH Open Access Publisher, 2011)

7. T. Ahamed, L. Tian, Y. Zhang, K. C. Ting, A review of remote sensing methods for biomass feedstock production. Biomass Bioenerg. 35, 2455 – 2469 (2011)

8. T. Sritarapipat, P. Rakwatin, T. Kasetkasem, Automatic rice crop height measurement using a field server and digital image processing. *Sensors* 14, 900 – 926 (2014)

9. Z. Juan, H. Xin-yuan, Measuring method of tree height based on digital image processing technology, in *1st International Conference on Information Science and Engineering* (*ICISE*), 2009, pp. 1327 – 1331

10. H. Dianyuan, W. Chengduan, Tree height measurement based on image processing embedded in smart mobile phone, in *International Conference on Multimedia Technology* (*ICMT*), 2011, pp. 3293 – 3296

11. H. Dianyuan, Tree height measurement based on image processing with 3 – points correction, in *International Conference on Computer Science and Network Technology* (*ICCSNT*), 2011, pp. 2281 – 2284

12. N. Soontranon, P. Srestasathiern, P. Rakwatin, Rice growing stage monitoring in small-scale region using ExG vegetation index, in *11th International Conference on Electrical Engineering/Electronics, Computer, Telecommunications and Information Technology* (*ECTICON*), 2014, pp. 1 – 5

13. J. Payero, C. Neale, J. Wright, Comparison of eleven vegetation indices for estimating plant height of alfalfa and grass. Appl. Eng. Agric. 20, 385 – 393 (2004)

14. J. Llorens, E. Gil, J. Llop, A. Escolà, Ultrasonic and LIDAR sensors for electronic canopy characterization in vineyards: advances to improve pesticide application methods. *Sensors* 11, 2177 – 2194 (2011)

15. B. St-Onge, Y. Hu, C. Vega, Mapping the height and above-ground biomass of a mixed forest using LIDAR and stereo IKONOS images. Int. J. Remote Sens. 29, 1277 – 1294 (2008)

16. G. Grenzdörffer, Crop height determination with UAS point clouds. Int. Arch. Photogramm. Remote Sens. Spat. Inf. Sci. 1, 135 – 140 (2014)

17. K. Yamamoto, T. Takahashi, Y. Miyachi, N. Kondo, S. Morita et al., Estimation of mean tree height using small-footprint airborne LIDAR without a digital terrain model. J. For. Res. 16, 425 – 431 (2011)

18. J. Cai, R. Walker, Height estimation from monocular image sequences using dynamic programming with explicit occlusions. IET Comput. Vis. 16, 149 – 161

19. L. Zhang, T. E. Grift, A LIDAR-based crop height measurement system for Miscanthus giganteus. Comput. Electron. Agric. 85, 70 - 76 (2012)

20. C. Rasmussen, Grouping dominant orientations for ill-structured road following, in *IEEE Conference on Computer Vision and Pattern Recognition* (CVPR), 2004, pp. 470 - 477

21. W. T. Freeman, E. H. Adelson, The design and use of steerable filters. IEEE Trans. Pattern Anal. Mach. Intell. 13, 891 - 906 (1991)

22. F. XiaoGuang, P. Milanfar, Multiscale principal components analysis for image local orientation estimation, in *Conference Record of the Thirty-Sixth Asilomar Conference on Signals, Systems and Computers*, 2002, pp. 478 - 482

23. A. K. P. Meyer, E. A. Ehimen, J. B. Holm-Nielsen, Bioenergy production from roadside grass: a case study of the feasibility of using roadside grass for biogas production in Denmark. Resour. Conserv. Recycl. 93, 124 - 133 (2014)

24. J. Shotton, M. Johnson, R. Cipolla, Semantic texton forests for image categorization and segmentation, in *IEEE Conference on Computer Vision and Pattern Recognition* (CVPR), 2008, pp. 1 - 8

25. J. Winn, A. Criminisi, T. Minka, Object categorization by learned universal visual dictionary, in *Tenth IEEE International Conference on Computer Vision* (ICCV), 2005, pp. 1800 - 1807

26. J. Shotton, J. Winn, C. Rother, A. Criminisi, Textonboost for image understanding: multi-class object recognition and segmentation by jointly modeling texture, layout, and context. Int. J. Comput. Vis. 81, 2 - 23 (2009)

27. Y. Lecun, L. Bottou, Y. Bengio, P. Haffner, Gradient-based learning applied to document recognition, in *Proceedings of the IEEE*, vol. 86, (1998), pp. 2278 - 2324

28. J. K. Kamarainen, V. Kyrki, H. Kalviainen, Invariance properties of gabor filter-based features-overview and applications. IEEE Trans. Image Process. 15, 1088 - 1099 (2006)

第六章　总结和展望

在这一章中,基于用各种非深度和深度学习技术获得的实验结果,我们提出了一些对未来研究工作的建议,并分析了这一领域面临的挑战,讨论了新的机会和应用。

6.1　对未来研究的建议

基于各种深度和非深度学习技术对路边数据分析的实验结果,我们提出以下建议:

(1)有区分性的特征提取。建议考虑色彩、纹理和上下文信息,从而更鲁棒地对路边对象进行分割。使用深度和非深度学习技术的实验结果表明,对于大多数路边对象,色彩和纹理的组合比单独使用这些特征产生了更高的分类精度。与单独使用视觉特征(包括色彩和纹理)相比,结合局部和全局的上下文信息(如CAV特征)可显著提高性能。CAV特征可以捕获对象之间的长距离和短距离标签依赖关系,能够适应于图像内容,并保留相对和绝对位置信息。CAV特征强大的性能很大程度上得益于这些优点。

(2)使用深度学习技术的上下文信息。现有的方法对局部和全局上下文信息进行编码,用于对象分类。与之相比,深度学习技术具有自动编码上下文信息、提取视觉特征以及将它们二者内在地集成于深度学习体系结构中的优点。我们引入了一个用于对象分割的深度学习网络,并在真实的基准数据集中对其性能进行了验证,可达到最先进水平。

(3)现有的基于块的特征提取技术面临着边界问题,这意味着,由于块是固定的矩形形状,在对象之间的边界中提取特征不可避免地会将噪声引入特征集中。为了处理区域边界中的噪声,我们提出了基于分割的超像素的PPS特征,在自然路边数据上,与基于像素特征和基于块特征相比,PPS特征具有更高的对象分割精度。

(4)施加关于对象空间位置的约束,有利于提高路边对象的检测和分割精度。例如,天空可能位于路边图像的顶部,然而,空间约束的使用在很大程度上受限于具体应用的先验知识。因此,在设计合适的技术和施加适当的约束以获得稳健的结果时,要仔细地对特定应用的背景进行预分析。

(5)与仅依赖于训练数据相比,恰当地利用测试图像中的局部特征,有助于创建能够自动地、局部地适应测试图像内容的鲁棒算法,从而在处理诸如噪声和光照变化等现实问题时产生更为鲁棒的结果。例如,超像素合并方法 SCSM 既考虑了训练数据上所有对象的一般性特征,又考虑了测试图像的局部特性,在去除 ANN 等传统分类器的分类错误方面表现出了良好的性能。

(6)具有自动特征提取功能的 CNN 在计算机视觉任务中表现良好,适用于高噪声和变动频繁的现实的典型应用。与传统的 MLP 相比,CNN 性能良好,但不一定是小型图像分类任务的最佳选择。因此,对于数据量相当大的数据集,建议考虑使用 CNN,而对于小数据集,可能需要对 CNN 和传统的非深度学习分类器进行比较。但当采用集合策略时,结果会有所不同,CNN 的集成比单个 MLP 或 CNN 分类器及 MLP 分类器的集成表现更好。因此,在实际数据集中处理对象分类问题时,最好考虑使用集成 CNN。

(7)与使用单个分类器相比,通过组合多个分类器以获得最终对象分类决策的多数投票方法对于稠密草和稀疏草的区分精度更高,尽管基于 ANOVA 测试的精度差异在统计学上并不显著。结果表明,即使使用一种简单的组合策略,也能提高对象分类的精度,因此,通常建议在多数投票法中考虑采用多个分类器,以达到最终的目标分类决策。与使用单个分类器相比,对于稠密草地和稀疏草地的识别可获得更高的精度,尽管基于方差分析的准确性差异在统计学上并不显著。结果表明,即使使用简单的组合策略,也能提高目标分类的精度,因此,在处理真实路边数据集中对象外观和环境的变化时,通常建议考虑采用多个分类器。

(8)我们提出了一种集成学习方法,生成并融合不同版本的神经网络,用于道路对象检测。该方法使用不同的种子点将数据划分为多个层,在每个层生成聚类,并为每个聚类和层生成一个神经网络。利用这些神经网络进行多数投票,从而进行道路对象检测,与支持向量机、分层和聚类方法相比,该方法的性能有了很大的提高。因此,通过为数据中的每个模式定做一个分类,为每个分类器建立不同的版本,有助于增加集成分类器的多样性,从而具有更好的性能。我们建议,单个分类器不需要被限制为同一类型,也可以是不同的类型,以便进一步提高多样性。

（9）我们进行了一个案例研究，验证了利用机器学习技术自动估计草的生物量和密度的可行性。估计的 VOCGP 与所有样本的客观生物量具有相似的总体趋势，RMSE 接近人类观测的结果。草茎可以向不同的方向生长，但草像素在垂直方向上的连接性是衡量草高的可靠指标。相比于使用 ANN 来进行草区域分割，使用 CNN 时和客观生物量的相关度稍低，但 RMSE 更小。这表明本案例中 CNN 和 ANN 的表现类似。

6.2 新的挑战

（1）对于数字图像中的生物量估计，一个挑战是如何确定采样图像的区域，包括位置、大小、形状等。在现场调查中，二维图像中的区域参数可能与三维采样草区域的参数不完全对应，从而导致估计结果有偏差。虽然可以人工对采样区域进行比较，但往往要花更多时间，并可能会严重限制整个系统的自动化程度。另一个挑战是如何使估计的生物量和客观的生物量直接具有可比性，因为它们不是用同一单位测量的，即像素与吨/公顷。在案例中，一种解决方法是在两个值之间设置比例因子，但问题是如何计算该因子，这可能会显著影响估计精度。

（2）在二维图像中，精确测量路边草到道路边界的距离仍然是一个挑战。距离通常被认为是影响路边草火灾风险水平的关键因素，因为靠近道路的草产生的风险通常较大，而远离道路的草风险较小。在二维图像中，由于深度信息的丢失，远近草可能会重叠在图像的同一区域，因此，精确测量远近草到道路的距离是一个很难的问题。一种可能的解决方案是搜集路边对象的三维数据，但这增加了数据收集的难度，对设备提出了更高的要求。

（3）物体与相机之间的距离会显著影响路边对象参数的计算。当距离改变时，拍摄图像中对象的大小也相应地发生了改变。这就给测量路边对象的实际参数值（如高度和面积）带来很大的挑战，因为在不同的图像中，每个像素的实际测量单位可能会发生实质性的变化。例如，对于同一片草，放大图像会比缩小图像得到更高的估计高度，因此，许多现有的方法只是假设对象和相机之间的距离是固定的。

（4）从目前的文献来看，还缺乏一个已对数据集中物体的像素级地面真值进行标注的综合性公共路边数据集。创建这样的数据集面临着诸如数据版权问题、隐私问题以及劳动、时间和精力要求等挑战。如果使用特定数据集来生成，可能无法满足一些其他目标的需求，例如对象类别的数量和类型、数据大小、帧的分辨率和变化率、环境条件和位置等。

6.3　新的机会和应用

（1）未来一个可能的应用是开发一个移动系统，以识别容易发生火灾的道路区域，该系统允许路边的居民或司机使用其移动设备拍摄路边草的照片，以提供草的火灾风险水平预测。居民可以向政府有关部门报告火灾高发点的位置，以便派服务人员到这些地点采取必要措施来消除火灾风险。这将有助于有关部门更有效地检测、监测和维护道路的安全状况。

（2）能够检测和识别路标等路边物体的技术，可以极大地促进智能车辆的开发和部署，该技术可以向司机提供关键的道路信息或及时警报，并提高驾驶安全性，特别是在恶劣天气条件下或危险的道路位置中。司机可以提前了解前方路边和道路的状况，如加油站和休息区的状况，从而相应地调整驾驶行为。

（3）分析路边数据内容也有助于促进对道路状况进行有效维护，例如对道路边界线模糊、路面受损或道路围栏被破坏等情况进行自动检测。在不派遣工作人员对这些情况进行目视检查时，交通部门可以对这些已确定的问题进行适当处理，确保及时进行维修。此外，该技术还可用来自动检测路边的广告，如广告牌和商业标志，施工活动，以及供应商未获得合法许可的、违反法律要求的或对道路使用者的安全和效率有潜在影响的设备安装行为。

（4）在大型现场测试中，不可见特征对于环境变动的鲁棒性高，而且越发流行，建议考虑可见特征和不可见特征的组合，从而在实际环境中可以进行更鲁棒和准确的分析。在条件良好时，可见特征能更好地表现对象的视觉外观和结构，而不可见特征在应对环境挑战方面更为强大。有理由相信，一个能够在它们之间智能切换的对象分割系统鲁棒性会更强。